Das ungebremste Universum

meinem Sohn Christoph

Das ungebremste Universum
Über das Standardmodell der Kosmologie

von

Dipl.-Math. Klaus Becker

Herstellung und Verlag:
BoD - Books on Demand, Norderstedt
ISBN 978-3-7322-9847-1

Inhalt

VORWORT 7

1 Ein paar grundsätzliche Erkenntnisse 11
   1.1   Die Urknallsingularität 11
   1.2   Das kosmologische Prinzip 12
   1.3   Das Hubble-Gesetz 13
   1.4   Die kosmische Skalenfunktion 15
   1.5   Die baryonische Materie 19
   1.6   Der kosmische Strahlungshintergrund 20
   1.7   Die Dunkle Materie 22
   1.8   Die dunkle Energie 31
   1.9   Das unbekannte Universum 33

2 Die kosmologischen Gleichungen 37

3 Das Standardmodell der Kosmologie 47
   3.1   Das Universum als Raumzeit 47
   3.2   Die Hubble-Zeit 48
   3.3   Der Hubble-Radius 49
   3.4   Die kritische Dichte 50
   3.5   Die Dichteparameter 51
   3.6   Energiedichte und Skalenparameter 55
   3.7   Die Zustandsgleichungen 57
   3.8   Die Friedmann-Gleichung mit Dichteparametern ... 61
   3.9   Die Rotverschiebung 63
   3.10 Das Referenzmodell 65

4 Das Alter des Unversums 71

5 Das ungebremste Universum 75
   5.1   Expansion und Zustand des Universums 75
   5.2   Der Bremsparameter 79

	5.3	Das ungebremste Universum	82
6		**Die Größe des Universums**	**85**
	6.1	Elemente des sichtbaren Universums	88
	6.2	Zusammenspiel der Elemente	92
	6.3	Weltlinie und Vergangenheitslichtkegel	93
	6.4	Der Partikelhorizont	102
	6.5	Der Ereignishorizont	106
	6.6	Die Hubble-Radius-Funktion	112
	6.7	Das sichtbare Universum im Überblick	116
7		**Ausblicke**	**119**

ANHANG **129**
   A   Physikalische Gesetze 129
   B   Maßeinheiten und Konstanten 135

LITERATURVERZEICHNIS 139

VORWORT

In der vorliegenden Ausarbeitung beschäftigen wir uns mit dem Expansionsverhalten des Universums. Noch zu Beginn des letzten Jahrhunderts ging man von einem statischen Universum aus. Selbst Einstein war diesem Weltbild so verhaftet, dass er seinen eigenen Gleichungen nicht traute. Er veröffentlichte 1917 sein auf der allgemeinen Relativitätstheorie basierendes Weltbild. Seinen Gleichungen hatte er die sogenannte kosmologische Konstante „eingehaucht", die das von seinen Gleichungen vorhergesagte dynamische Universum zu einem statischen machte. Der russische Physiker und Kosmologe Alexander Alexandrowitsch Friedman war es schließlich, der 1922 Lösungen der einsteinschen Feldgleichungen fand, die ein dynamisches Universum vorhersagten. Dass das Universum tatsächlich expandiert, wissen wir seit Ende der 1920er Jahre, als der US-amerikanische Astronom Edwin Hubble die Expansion des Universums entdeckte. Daraufhin verwarf Einstein seine kosmologische Konstante. Er soll die Einführung als die größte Eselei seines Lebens bezeichnet haben. Ob diese Überlieferung stimmt, sei dahin gestellt. Die kosmologische Konstante war, jedenfalls vorerst, aus der Welt. Nach dem neuen Bild der Welt expandierte das Universum. Eine Expansion bedeutete auch, dass es einen Anfang gegeben haben musste. Lässt man nämlich den Expansionsfilm zurücklaufen, muss das Universum in der Vergangenheit kleiner, dichter und heißer gewesen sein. Anfang der 1930er Jahre entstand so die Theorie vom heißen Urknall, die spätestens durch die Entdeckung der kosmischen Hintergrundstrahlung im Jahre 1964 breit anerkannt wurde. Offen blieb allerdings bis beinahe zur Jahrtausendwende, ob das Universum für alle Zeiten expandieren oder irgendwann, nach endlicher Zeit, infolge der Gravitation kollabieren, also in sich zusammenfallen und durch die Energie des Rückpralls möglicherweise neu zu expandieren beginnen würde. Schließlich war man aufgrund der fortgeschrittenen Beobachtungstechniken und Satellitenexperimente zu der Überzeugung gekommen, dass das Universum eine flache Geometrie besitzt und für alle Zeiten expandiert. Man war der Auffassung, dass die Expansionsgeschwindigkeit mit der kosmischen Zeit abnimmt und sich dem Wert null nähert. Das galt jedenfalls bis 1998. Dann entdeckte man bei der Vermessung weit entfernter Supernovae, dass das Universum nicht „gebremst", sondern sogar beschleunigt expandiert. Abgesehen davon, dass diese Entdeckung einer Sensation gleichkam, führte sie zur Wiedereinführung der kosmologischen Konstante, die fortan die Rolle des „Beschleunigers" übernahm. So war sie ja ursprünglich auch angelegt, zum Ausgleich der Bremsbewegung gegen die Gravitation gerichtet. Fortan glich sie die gravitative Kraft aber nicht nur aus, sondern übertraf sie sogar. Einstein war im Nachhinein gesehen, eben auch im Fehlermachen ein Genie. Physikalisch gibt es leider auch gegenwärtig noch keine überzeugende Deutung der Konstanten. Die sogenannte Dunkle Energie ist eine davon.

Die Vorstellung von unserer Welt basiert auf einem Modell des Universums. Modelle sind in den Naturwissenschaften, vorrangig in Physik und Chemie und in der Kosmologie, geeignete Mittel, die komplexe reale Wirklichkeit zu vereinfachen und auf ein „Bild" von ihr zu reduzieren. Diese Vorgehensweise ist der Tatsache geschuldet, dass uns unsere Gehirne tatsächlich nur Abbilder unserer Umwelt liefern. Allerdings Bilder, die es uns ermöglicht haben, enorme Fortschritte zu generieren. Auf den Mond zu fliegen, Computer und Navigationsgeräte zu bauen und zu erkennen, dass wir in einem Universum leben, das 13,7 Milliarden Jahre alt ist. Ein sehr beeindruckendes Beispiel für ein solches Modell ist das herkömmliche Modell des Atoms mit dem Atomkern, bestehend aus positiv geladenen Protonen und Neutronen und Elektronen, die in unterschiedlichen Entfernungen vom Zentrum um die Kerne kreisen, vergleichbar mit den Planetenbahnen um die Sonne. Niemand hat jemals ein Atom gesehen und doch wurden, abgeleitet aus diesem Modell, der Menschheit ungeheure Fortschritte beschert. Ob diese in jedem Falle zu ihrem Segen gereichten, ist eine andere Frage und soll uns an dieser Stelle eher nicht beschäftigen. Es gibt unter den Modellen anschauliche, so wie das gerade beschriebene, aber auch sehr theoretische, das heißt dann, mathematische Modelle. In der Regel spricht man dann von einer physikalischen oder auch kosmologischen Theorie. Unabhängig davon bleiben es Bilder der Wirklichkeit. Sie haben aber den unschätzbaren Vorteil, dass man mit ihnen rechnen kann, Fragen stellen und beantworten kann. Und solange sie Fragen so beantworten, dass sie mit der Beobachtung übereinstimmen, werden sie als „richtig" anerkannt. Richtig in dem Sinne, dass sie nicht zu falschen Vorhersagen führen. Führen sie aber zu Vorhersagen, die mit der Beobachtung nicht übereinstimmen, gelten sie als falsifiziert, als falsch also. Eine physikalische Theorie lässt sich niemals beweisen. Sie lässt sich nur falsifizieren. Experimente und Beobachtungen, die mit den Vorhersagen der Theorie übereinstimmen, machen ihre „Richtigkeit" nur wahrscheinlicher, aber keinesfalls „richtiger".

Die vorliegende Arbeit basiert auf dem Standardmodell der Kosmologie, das häufig auch Referenzmodell genannt wird. Es ist im Grunde ein mathematisches Modell unseres Universums, das auf einer äußerst abstrakten physikalischen Theorie beruht, auf einer nicht geringeren als der Allgemeinen Relativitätstheorie Albert Einsteins. Es lässt aber auch, jedenfalls partiell, anschauliche Vorstellungen von unserem Universum zu. Dieses Modell ist in der Lage, uns Fragen zu beantworten, die sich der Mensch stellt, seit er denken und derartige Fragen stellen kann: Gibt es einen Anfang? Wenn ja, wie viele Jahre liegt dieser vor unserer Zeit? Wie alt ist also unsere Welt? Und wie groß ist sie? Und was passiert mit unserer Welt in der Zukunft? Ob die Antworten des Modells auf diese Fragen richtig sind, lässt sich nicht beweisen. Solange sie den Beobachtungen nicht widersprechen, können wir sie als richtig ansehen. Das ist die Arbeitsweise der Naturwissenschaft. Eine bessere Vorgehensweise gibt es nicht. Gegen Enttäuschungen ist sie allerdings nicht gefeit. Das zeigt die Geschichte. Die Naturwissenschaft verkündet keine Dogmen. Es ist nicht auszuschließen, dass unsere Nachfahren sich über unsere Vorstellung von der Welt lustig machen werden. So, wie wir uns über die Vorstellung lustig machen – obgleich wir es nicht tun sollten –, dass die Welt ein Schildkrötenturm ist, auf dessen oberster Schildkröte unsere Erde als flache Scheibe ruht[9].

Im ersten Kapitel der vorliegenden Arbeit beschäftigen wir uns mit ein paar wenigen grundlegenden Erkenntnissen über unser Universum. Diese sollten uns den Einstieg in das eigentliche Thema erleichtern. Im 2. Kapitel stellen wir die kosmologischen Gleichungen vor. Sie sind Lösungen der einsteinschen Feldgleichungen und wurden in den 1920er

Jahren zum ersten Mal von Friedmann aus den Feldgleichungen der allgemeinen Relativitätstheorie abgeleitet. Wir leiten die Gleichungen auf der Grundlage der newtonschen Physik her und ersparen uns damit, in die Welt der Relativitätstheorie einsteigen zu müssen. Das Kapitel 3 widmen wir dem aus den Gleichungen abgeleiteten Referenzmodell. Im Kapitel 4 beschäftigen wir uns mit der Frage nach dem von dem Referenzmodell vorhergesagten Weltalter. Diese Frage lässt sich im Rahmen des Modells relativ einfach beantworten. Im Kapitel 5 behandeln wir das zentrale Thema dieser Ausarbeitung, die Expansionsdynamik des Universums. Wir zeigen, dass das Universum nicht nur expandiert, sondern seit ca. 7 Milliarden Jahren sogar ungebremst, beschleunigt also. Die Frage nach der Größe des Universums ist in diesem Zusammenhang mindestens genauso spannend wie die nach seinem Alter. Die Beantwortung ist allerdings ungleich schwieriger, sodass wir gezwungen sind, für ihre Beantwortung etwas weiter auszuholen und uns mit dem Werkzeug zu beschäftigen, das uns das Modell dafür zur Verfügung stellt. Dies erfolgt im Kapitel 6. Schlussendlich wagen wir im Kapitel 7 einen Blick über die Grenzen der Wissenschaft hinaus und geben dann noch einen kurzen Ausblick auf die Herausforderungen der Kosmologie der nächsten Jahre.

Zum Titel der Ausarbeitung möchte ich noch ein Wort sagen. Ursprünglich hatte ich den Titel „Das beschleunigte Universum" vorgesehen. Glücklicherweise rechtzeitig habe ich mich an das Buch „Das beschleunigte Universum; die Expansion des Alls und die Schönheit der Wissenschaft" [12] von Mario Livio erinnert. Deshalb wurde aus dem beschleunigten das ungebremste Universum. Bei genauerem Hinsehen ist dummerweise beides falsch. Das Universum expandierte nach dem Urknall Milliarden Jahre lang gebremst, dann eine Zeit lang wohl mit nahezu konstanter Geschwindigkeit und schließlich bis heute und wahrscheinlich für alle Zeiten beschleunigt. Diese verrückte Geschichte unseres Universums möchte ich im Folgenden erzählen.

Ich wünsche den Leserinnen und Lesern viel Freude.
Oberwesel, im Februar 2014

1 Ein paar grundsätzliche Erkenntnisse

In diesem Kapitel beschäftigen wir uns mit ein paar wenigen grundsätzlichen Fragestellungen und Ergebnissen der modernen Kosmologie, die uns darauf vorbereiten, die nachfolgenden Inhalte leichter zu verstehen. Nach allem, was wir wissen, ist das Universum vor nicht ganz 14 Milliarden Jahren aus einem extrem kleinen, heißen und dichten Anfangszustand hervorgegangen. Diesen Anfang nennen wir Urknall, obwohl es wahrscheinlich keinen Knall gegeben hat. Seit dem expandiert das Universum, das heißt, das sichtbare Universum wird zunehmend größer, kälter und weniger dicht. Sie ist nicht ganz ein Jahrhundert alt, diese Erkenntnis. Und doch schon so alt, dass sie eigentlich zum allgemeinen Wissen der Menschheit zählen sollte.

1.1 Die Urknallsingularität

Wenn man in den Gleichungen der Urknalltheorie mit der Zeit t, ausgehend von der gegenwärtigen Epoche t_0, immer weiter zurückgeht, sich also dem Wert t=0 nähert, wachsen Dichte und Temperatur des Universums ins Unendliche und seine Ausdehnung geht gegen null. Dieser von der Theorie vorhergesagte Zustand eines unendlich heißen, dichten und verschwindend kleinen Universums ist physikalisch nicht haltbar. Es ist aber immerhin die Vorhersage der allgemeinen Relativitätstheorie Albert Einsteins. Andererseits verhält sich das Universum nahe dem Urknall wie ein Fusionsreaktor[6], in dem die Gesetze der Teilchenphysik gelten. Es befindet sich auf einer so winzigen Größenskala, dass die Quantentheorie als zweite große physikalische Theorie ins Spiel kommt. Um die Anfänge des Universums richtig verstehen zu können, ist deshalb eine Vereinigung der klassischen Relativitätstheorie mit der Quantentheorie[6] notwendig. Für die Lösung dieses Problems, das zu den großen Herausforderungen der modernen Physik zählt, sind Ansätze vorhanden, aber noch kein Durchbruch in Sicht. Theorien, die sich mit der Vereinigung der beiden großen Theorien der Physik beschäftigen und damit auch mit der Suche nach der Lösung des „Anfang"-Problems unseres Universums, sind die Stringtheorie und die Theorie der Loop-Quantengravitation[6].

Die Gesetze der Teilchenphysik sind bis heute nur bis zu Temperaturen von etwa $T \approx 1{,}2 \cdot 10^{16}$ K nachgewiesen. Diese Nachweise werden mit Hilfe von Teilchenbeschleunigern geführt. Ein hochenergetischer Teilchenstrahl ist zwar nicht exakt dasselbe wie ein heißes Gas, von dem man annimmt, dass es das frühe Universum ausgefüllt hat[6]. Aber man erwartet dennoch verlässliche Aussagen über die Abläufe bei hohen Energien, was äquivalent ist zu hohen Temperaturen. Die bisher höchste Energie von ca. 7.000 GeV kann von dem Large Hadron Collider, abgekürzt LHC am CERN bei Genf in der Schweiz, der 2010 in Betrieb genommen wurde, erzeugt werden. Das Temperaturäquivalent liegt bei ca. $8 \cdot 10^{16}$ K. Das Universum ist bei dieser Temperatur geschätzt $t \approx 10^{-14}$ s alt. Da sich die Kosmologie der Frühzeit auf die Teilchenphysik stützt, sind bisherige Aussagen bis etwa $t \approx 10^{-12}$ s nach dem Urknall einigermaßen gesichert, wenn auch noch nicht abschließend geklärt und in Teilbereichen sicherlich spekulativ. Aussagen über frühere, noch näher beim Anfang des Universums liegende Zeiten sind als spekulativ, wenn nicht als hoch spekulativ zu werten. Es gibt physikalische Theorien, die das Verhalten der Materie unter den in den sehr frühen Phasen des Universums herrschenden extremen Bedingungen erklären können. Sie lassen auch eine weitergehende Extrapolation zu, deren Ergebnisse aber noch nicht nachgewiesen werden konnten. Kippenhahn[10] nennt diese Epoche des Universums graue Epoche und die zugrunde liegende Physik Extrapolationsphysik. Aber auch diese Physik versagt dann, wenn man mit der Zeit soweit zurückgeht, dass das Alter des Universums die sogenannte Planck-Zeit unterschreitet. Diese liegt bei $t \approx 10^{-43}$ s. Die entsprechende Epoche wird auch als weiße oder Planck-Epoche bezeichnet.

1.2 Das kosmologische Prinzip

Das kosmologische Prinzip besagt, dass das Universum auf großen Skalen (≥ 100 Mpc) homogen und isotrop ist, das heißt, es ist überall, also an jedem Ort, grundsätzlich gleich (Homogenität) und es gibt an keinem Ort eine ausgezeichnete Richtung (Isotropie).

Es lässt sich zeigen, dass aus der Isotropie des Universums an jedem Ort dessen Homogenität folgt[14]. Isotropie mit dem Beobachtungsstandort Milchstraße, also unserem Beobachtungsstandort, lässt sich zweifelsfrei beobachten. Isotropie an anderen Orten des Universums lässt sich nur postulieren und das aufgrund der Annahme, dass unsere Position, also die der Milchstraße, keine wie auch immer ausgezeichnete ist. Diese Annahme entspricht einer Erweiterung des sogenannten kopernikanischen Prinzips, dass die Welt nicht, wie seinerzeit noch allgemein angenommen, geozentrisch, sondern, wie er zu wissen glaubte, heliozentrisch ist, die Sonne also ihr Zentrum darstellt und nicht die Erde. Dass diese Vorstellung, dass wir, unsere Erde, unsere Sonne, unsere Galaxie den Mittelpunkt des Universums ausmachen, ist einigermaßen vermessen. Diese Ansicht hat ihre Vertreter im Laufe der Jahrhunderte, seit dem Astronomie und Kosmologie betrieben werden, immer wieder zu Rückziehern gezwungen. Die Vorstellung vom Mittelpunkt der Welt musste mit dem Fortschritt der Wissenschaft Zug um Zug aufgegeben werden. Stattdessen hat sich der Grundsatz der Kosmologie durchgesetzt, der als kosmologisches Prinzip bezeichnet wird.

1.3 Das Hubble-Gesetz

Seit Beginn der Zeit expandiert das Universum nach dem Gesetz von Hubble. Dieses wurde im Jahre 1929 von dem US-amerikanischen Astronomen Edwin Hubble entdeckt. Hubble konnte beobachten, dass sich alle hinreichend weit entfernten Galaxien von uns, unserer Heimatgalaxie, der Milchstraße also, wegbewegen, und zwar umso schneller, je weiter sie von uns weg sind. Nach diesem von Hubble entdeckten Gesetz gilt:

1.1 $\quad v = H_0 \cdot r$.

Dabei ist v die Entweich- oder auch Fluchtgeschwindigkeit, r die Entfernung einer Galaxie von einem hypothetischen Beobachter auf einer beliebigen Galaxie und H_0 eine Konstante, die sogenannte Hubble-

Konstante. Die Konstante hat die Dimension Geschwindigkeit pro Längeneinheit. Eingebürgert hat sich

1.2 $\quad [H_0] = \dfrac{[km]}{[sec] \cdot [Mpc]}$.

Zur Einheit Mpc siehe Anhang B.

Bestimmt wurde der Wert der Konstanten H_0 durch Messung der Entweichgeschwindigkeiten mithilfe der sogenannten Rotverschiebung in den galaktischen Spektren – wir kommen darauf zurück – einerseits und durch Schätzung der Entfernung der Galaxien mit den seinerzeit zur Verfügung stehenden Möglichkeiten andererseits. Die Konstante H_0 wurde später zu Ehren von Hubble Hubble-Konstante genannt. Da ihr Wert lange Zeit nur unzureichend genau ermittelt werden konnte und auch heute noch laufend neu vermessen wird, hat sich die Schreibweise

1.3 $\quad H_0 = 100 \cdot h \; km \cdot s^{-1} \cdot Mpc^{-1}$

eingebürgert. Der durch WMAP ermittelte Werte von h liegt bei

1.4 $\quad h \approx 0{,}710 \pm 0{,}025$.

Hinweise:

Bei Galaxien unserer unmittelbaren Nachbarschaft, wie beispielsweise der Andromeda-Galaxie, übertrifft die gegenseitige Anziehungskraft die repulsive Kraft, die das Universum auseinander treibt. Milchstraße und Andromeda rasen zum Beispiel aufeinander zu. Deshalb gilt das Hubble-Gesetz nur für Galaxien, die relativ weit – mehr als 100 Mpc – voneinander entfernt sind.

WMAP ist ein im Jahre 2003 gestartetes Satellitenexperiment zur Bestimmung kosmologischer Parameter. Das Experiment lieferte Messdaten während der gesamten Lebenszeit des Satelliten. Diese heißen dann zum Beispiel WMAP +5 oder WMAP + 7 Jahre.

Wir werden später sehen, dass das Hubble-Gesetz eine Eigenschaft der expandierenden Raumzeit ist und es sich bei der Fluchtgeschwindigkeit der Galaxien in Wirklichkeit nicht um eine Bewegung der Galaxien, sondern vielmehr um die Ausdehnung des Raumes selbst handelt. Insofern sind die Begriffe Fluchtgeschwindigkeit und Entweichgeschwindigkeit, wenn man es genau nimmt, falsch. Da sich die Begriffe eingebürgert haben, verwendet man sie dessen ungeachtet weiter. Im Übrigen erleichtern sie in einigen Fällen die Ableitung von Ergebnissen auf Basis der klassischen Physik.

Würde die Entdeckung Hubbles nur für unsere eigene Beobachterposition, also nur für unsere Heimatgalaxie, die Milchstraße, gelten, so würden wir eine ausgezeichnete Stellung im Universum einnehmen. Wir wären quasi der Mittelpunkt der Welt, von dem sich alle anderen Galaxien wegbewegen. Dies würde dem kosmologischen Prinzip widersprechen. Um das Hubble-Gesetz mit dem kosmologischen Prinzip in Übereinstimmung zu bringen, muss dieses als an jedem Ort im Universum geltend postuliert werden:

Von jedem Ort des Universums aus gesehen entfernen sich die Galaxien und dies umso schneller, je weiter sie vom Beobachter entfernt sind.

1.4 Die kosmische Skalenfunktion

Die Theorie, die die Expansion der Raumzeit beschreibt, ist die Allgemeine Relativitätstheorie. Unter der Prämisse, dass das Universum eine flache Geometrie besitzt und dem kosmologischen Prinzip folgend homogen und isotrop ist, kann es durch einen expandierenden euklidischen Raum modelliert werden.

Hinweis:

Da inzwischen zweifelsfrei nachgewiesen ist, dass unser Universum eine flache Geometrie besitzt, können wir mit dieser die Situation vereinfachenden Annahme beruhigt arbeiten. Sie erspart uns die nicht ganz einfache Auseinandersetzung mit dem Thema Krümmung.

Wichtiger Bestandteil für die mathematische Beschreibung eines expandierenden euklidischen Raumes ist die sogenannte Skalenfunktion, die das Expansionsverhalten des Universums festlegt und die wir mit $a(t)$ bezeichnen. Sie ergibt sich aus der sogenannten Friedmann-Gleichung, die wir in einem der nächsten Kapitel kennenlernen. Die Skalenfunktion ist abhängig vom Zustand des Universums. Dabei versteht man unter dem Zustand des Universums dessen Konstitution. Differenziert wird zwischen dem materiedominierten, dem strahlungsdominierten und dem durch die Dunkle Energie dominierten Zustand. Die Skalenfunktion hat als unabhängige Variable die kosmische Zeit t. Dabei ist die kosmische Zeit die Zeit, die seit dem Urknall vergangen ist. Zur Definition der kosmischen Zeit siehe zum Beispiel bei Harrison[7]. Die Skalenfunktion gibt nun an, in welchem Verhältnis sich die Distanz zwischen einer Galaxie und einem Beobachter im Zuge der Expansion und in Relation zur aktuellen verändert. Mit dieser wichtigen Funktion, die wesentlich ein Weltmodell definiert, werden wir uns nun beschäftigen. Wir definieren:

Sei $r(t_0)$ die Distanz zwischen uns, das heißt, unserer Heimatgalaxie und einem kosmischen Objekt (= Galaxie) in der gegenwärtigen Epoche t_0, dann indiziert die kosmische Skalenfunktion, wie groß die Distanz $r(t)$ in der kosmischen Epoche $t \neq t_0$ war bzw. sein wird. Es gilt

1.5 $\quad r(t) = a(t) \cdot r(t_0)$.

Damit ist

1.6 $\quad a(t_0) = 1$.

Hinweis:

Über kosmologische Entfernungen werden wir uns erst in einem späteren Kapitel unterhalten können. Im Augenblick behandeln wir den Begriff Entfernung, wie wir ihn aus unserer Alltagserfahrung kennen. Wir können also feststellen, wie oft ein definiertes Längenmaß zwischen uns und das beobachtete kosmische Objekt passt und erhalten so die Distanz zum Objekt in den entsprechenden Einheiten. Dass wir genau das im realen Universum nicht können, werden wir noch sehen. Auch was wir unter der Größe des sichtbaren Universums verstehen wollen, werden wir noch besprechen. Im Augenblick stellen wir uns vor, dass die Größe des sichtbaren Universums der weitesten Entfernung entspricht, aus der uns Licht noch erreichen kann. Geht man mit dieser in die Relation 1.5, so erhält man die Größe des sichtbaren Universums in der Epoche t. Man sagt auch, das Universum befand sich bzw. wird sich bei t auf der Skala a(t) befinden. Da die kosmische Skalenfunktion das Expansionsverhalten des modellierten Universums beschreibt, muss man erwarten, dass Hubble-Konstante und Skalenfunktion voneinander abhängen. Diese Abhängigkeit werden wir im Folgenden herleiten. Zunächst postulieren wir vom kosmologischen Modell unabhängige, das heißt, allgemeine Eigenschaften der Skalenfunktion, die man aufgrund der bisherigen Erörterungen und aus Beobachtungen resultierend, erwarten kann. Wir postulieren als Erstes einen relativ glatten Verlauf von a. Mathematisch ausgedrückt verlangen wir, dass die Funktion stetig und sogar differenzierbar ist. Es ließe sich sicher schlecht leben in einem Universum, in dem das nicht so wäre. Man könnte auch behaupten, dass Gott keine Sprünge macht. Die erste Ableitung a'(t) der Skalenfunktion entspricht der Veränderungsrate des Skalenparameters in der kosmischen Zeit und indiziert damit die Fluchtgeschwindigkeit einer Galaxie. Da wir vom Urknall überzeugt sind, können wir für den Beginn der Zeit, den wir mit t=0 belegen, einen Skalenwert von null annehmen. Das bedeutet, dass das Universum am Anfang keine Ausdehnung hatte. Diese Aussage ist zwar physikalisch nicht haltbar[1,6,11,14], aber sie ist zweckmäßig und es lässt sich, wie wir noch sehen werden, gut rechnen damit. Wir legen also

1.7   a(0)=0

fest. Wir kürzen noch ab mit

1.8 $a_0 = a(t_0)$ und $a'_0 = a'(t_0)$

und verlangen weiter

1.9 $a(t) > 0$ und $a'(t) > 0$ für $0 < t \leq t_0$.

Begründung:

1.9 bedeutet insbesondere $a_0 > 0$ und $a'_0 > 0$. Wäre $a_0 \leq 0$, so würden wir nicht existieren können, jedenfalls nicht in der Form, wie wir existieren. $a'_0 \leq 0$ würde der Expansion des Universums widersprechen. Die aber können wir zweifelsfrei beobachten. Wäre $a'(t) = 0$ für $0 < t < t_0$, so müsste es in der Vergangenheit eine Epoche mit minimalem Skalenwert a_{min} gegeben haben, in der das Universum den Übergang von einem kollabierenden in das expandierende Universum vollzogen hat, das wir heute beobachten. Dieser Fall kann experimentell, das heißt aufgrund von Beobachtungen, ausgeschlossen werden[14].

Eine einfache Skalenfunktion, die den obigen Regeln folgt, ist

1.10 $\quad a(t) = \dfrac{t}{t_0}$.

Für diese gilt

$a(0) = 0$, $a(t_0) = 1$, $a(t) > 0$ und $a'(t) = \dfrac{1}{t_0} > 0$ für alle $t > 0$.

Insbesondere ist die Fluchtgeschwindigkeit der Galaxien über alle Zeiten konstant. Wir werden noch sehen, dass diese Art Expansion nicht der Realität entspricht. Diese ist um einiges komplizierter.

Wir kommen nun auf den Zusammenhang zwischen der Hubble-Konstanten und der Skalenfunktion. Wir betrachten dazu eine Galaxie, die in der gegenwärtigen Epoche $r(t_0)$ Entfernungseinheiten von unserer Galaxie entfernt ist. Die Ableitung $r'(t_0)$ entspricht dann der Fluchtgeschwindigkeit dieser Galaxie. Mit Hubble folgt also

1.11 $\quad r'(t_0) = H_0 \cdot r(t_0)$.

Mit der Skalenfunktion erhält man die Entfernung der Galaxie in der Epoche $t_0 + \Delta t$ gemäß

1.12 $\quad r(t_0 + \Delta t) = a(t_0 + \Delta t) \cdot r(t_0)$.

Es folgt

$$r'(t_0) = \lim_{\Delta t \to 0} \frac{r(t_0 + \Delta t) - r(t_0)}{\Delta t} = \lim_{\Delta t \to 0} \frac{a(t_0 + \Delta t) - a(t_0)}{\Delta t} \cdot r(t_0) = a'_0 \cdot r(t_0)$$

und daraus mit 1.6 und 1.11

1.13 $\quad H_0 = \dfrac{a'_0}{a_0}$.

H_0 wird auch als Expansionsrate bezeichnet. Wir werden noch sehen, dass sich 1.13 auf jede kosmische Epoche übertragen lässt.

1.5 Die baryonische Materie

Wenn man sich unvoreingenommen der Frage nach der materiellen Zusammensetzung des Universums nähert, wird man zunächst sicherlich vermuten wollen, dass es aus der Materie besteht, die wir aus unserer unmittelbaren Erfahrung kennen. Das ist die sogenannte baryonische Materie, aus der wir selbst bestehen, unser Heimatplanet, das Sonnensystem, unsere Heimatgalaxie und auch die geschätzten 10^{11} Galaxien außerhalb unserer eigenen, von denen viele auf ihre Konstitution untersucht wurden. Zwischen den Sternen einer Galaxie und zwischen den Galaxien selbst existieren scheinbar riesige Leerräume. Wie wir aber wissen, bestehen auch diese aus der uns bekannten, wenn auch extrem verdünnten, Materie. Es handelt sich vorrangig um aus Wasserstoff bestehende Gas- und Staubwolken. Die Dichte der im Universum vorhandenen baryonischen Materie, die wir mit $\delta_{b,0}$ bezeichnen – der Index 0 steht dabei wieder für die gegenwärtige Epoche –, kann auf der Grundlage von Beobachtungen und Modellrechnungen ganz gut geschätzt werden. Die gegenwärtige Baryonendichte wird mit etwa

1.14 $\quad \delta_{b,0} \approx 4{,}5 \cdot 10^{-28}$ kg $\cdot$ m^{-3}

angegeben. Dieser Wert erscheint zwar extrem klein, wenn wir ihn beispielsweise mit der Dichte von Wasser von ca. 10^3 kg $\cdot$ m^{-3} vergleichen. Er sollte aber nicht unbedingt beunruhigen. Wir sollten nur versuchen, uns die schier unendlichen Weiten des Universums vorzustellen mit riesigen, nahezu fast leeren Räumen wischen den Objekten. Tatsächlich macht die baryonische Materie aber nur einen sehr kleinen Teil der Konstitution des Universums aus. Ihr Beitrag zur Gesamtenergie- und

Materiedichte liegt bei maximal 5 %. Den Anteil der Baryonendichte an der Gesamtdichte nennen wir Dichteparameter der baryonischen Materie und kürzen ab mit dem Symbol $\Omega_{b,0}$. $\Omega_{b,0}$ liegt bei etwa

1.15 $\quad \Omega_{b,0} \approx 0{,}045$.

Hinweis:

Wir werden Dichteparameter noch für eine andere Materieart und für eine bestimmte Energie definieren. Allgemein bezieht man sich dabei auf die sogenannte kritische Dichte. Die kritische Dichte entspricht in Modelluniversen mit flacher Geometrie der gesamten Energie- und Materiedichte. Siehe dazu beispielsweise bei Harrison[7].

1.6 Der kosmische Strahlungshintergrund

Nachdem der anfänglich von Hubble beobachtete Wert der Hubble-Konstante zu groß und das daraus abgeleitete Alter des Universums zu klein war und im Widerspruch stand zu anderen Beobachtungen, geriet die Urknalltheorie für lange Zeit in Bedrängnis. Ihre Anerkennung litt bis zu der einschneidenden Entdeckung der kosmischen Hintergrundstrahlung im Jahre 1964. Wir versetzen und in die kosmische Zeit zwischen 300.000 und 400.000 Jahre nach dem Urknall. Das Universum war in dieser Epoche etwa 3.000 K heiß und bestand aus einem Gas-Teilchengemisch von im Wesentlichen leichten Atomkernen, vorrangig Wasserstoff- und Heliumkernen, aus freien Elektronen, Photonen und Neutrinos. Während die Neutrinos mit keiner der anderen Teilchenarten wechselwirken, wurde die Verbindung von Atomkernen und Elektronen zu elektrisch neutralen Atomen durch die hohe Anzahl hochenergetischer Photonen verhindert. Erst als im Zuge der Expansion des Universums, die Energie der Photonen unter die Bindungsenergie des Wasserstoffatoms gesunken war – das Universum war 3.000 K heiß und befand sich auf der Skala 10^3 –, konnten sich elektrisch neutrale Atome bilden. Dieser Prozess heißt Rekombination. Die Vorsilbe „Re" ist auf den ersten Blick irritierend, handelt es sich doch um die erstmalige Bildung von Elementen. Rekombination wird aber in der Laborphysik für diese Prozesse verwendet[6] und wurde so in den Kontext der primordialen

Bildung von neutralen Atomen übernommen. Rekombination ist also der Prozess, der es ermöglichte, dass bis dahin ionisierte Atomkerne durch das „Einfangen" von freien Elektronen zu elektrisch neutralen Atomen wurden. Die Epoche der Rekombination lässt sich auf ein Weltalter von nicht ganz 400.000 Jahre datieren. Ab diesem Zeitpunkt bzw. dieser Epoche, den bzw. die wir mit t_r indizieren, konnten sich die Photonen frei durch das Universum bewegen. Das Universum wurde „durchsichtig". Die 400.000 Jahre nach dem Urknall frei gewordenen Photonen können wir heute als kosmischen Mikrowellenhintergrund messen. Im Zuge der Expansion nahm die Energie der Photonen und damit ihre Temperatur bis heute auf ca. 2,728 K ab. Dieser kosmische Photonenhintergrund entspricht sehr exakt der Strahlung eines schwarzen Körpers[3,14]. Genau diese Eigenschaft ist im Zuge der Expansion und Abkühlung des Universums bis heute erhalten geblieben. Die Genauigkeit, mit der der Strahlungshintergrund einer Schwarzkörperstrahlung von 2,728 K entspricht, ist extrem verblüffend und die beeindruckendste Verifizierung der Vorhersage der heißen Urknalltheorie. Unabhängig von dieser erstaunlichen Eigenschaft ist der CMB für Cosmic Microwave Background extrem homogen. Messungen belegen, dass sich die Inhomogenität in der Größenordnung von 10^{-5} bewegt. So gilt

1.16 $\quad \dfrac{\Delta T}{T} \approx 10^{-5}$.

Dabei ist ΔT die Temperaturdifferenz unterschiedlicher Lokationen und T die mittlere Temperatur des CMB. Man spricht in diesem Zusammenhang von der Anisotropie des Mikrowellenhintergrundes. Die sehr geringe Größe der Anisotropie des Strahlungshintergrundes stellt gleichzeitig ein neues Problem dar. Sie zwingt nämlich zur Annahme der Existenz einer Materieart, deren Konstitution wir bis heute noch nicht sicher kennen. Dabei handelt es sich um die sogenannte dunkle Materie. Im nächsten Abschnitt werden wir uns mit dieser Materie etwas genauer beschäftigen. Den kosmischen Photonenhintergrund können wir sehr genau messen und unter Anwendung bekannter physikalischer Gesetze die Dichte der Strahlungsenergie berechnen. Es gilt

1.17 $\quad \delta_{\gamma,0} \approx 4{,}66 \cdot 10^{-31}$ kg·m^{-3}.

Hinweis:

Den Index γ verwenden wir für die Indikation der Zusammensetzung der Strahlung aus Photonen.

Aus theoretischen Überlegungen ergibt sich für die Strahlungsdichte $\delta_{r,0}$ der sogenannten relativistischen Strahlung[1,3], der Strahlung, die aus Photonen und Neutrinos besteht, ein Wert von

1.18 $\quad \delta_{r,0} \approx 7{,}76 \cdot 10^{-31}$ kg·m^{-3}.

Den Dichteparameter der relativistischen Strahlung definieren wir in Analogie zum Dichteparameter der baryonischen Materie und schreiben $\Omega_{r,0}$. Es gilt

1.19 $\quad \Omega_{r,0} \approx 8{,}5 \cdot 10^{-5}$ kg·m^{-3}.

1.7 Die Dunkle Materie

In den 1930er Jahren wurde von dem Schweizer Physiker und Astronomen beobachtet, dass sich die Galaxien in den Außenbezirken des Comahaufens, einer Ansammlung von mehreren Tausend Galaxien in einer Entfernung von ca. 370 Millionen Lichtjahren, so rasch bewegen, dass die von der sichtbaren Materie generierten Gravitationskräfte ihr Verbleiben im Haufen nicht erklären kann. Eigentlich müssten viele der Galaxien aufgrund ihrer Rotationsgeschwindigkeit aus dem Haufen herausgeschleudert werden. Es entstand die Theorie von der dunklen Materie. Eine zur sichtbaren Materie zusätzlich in dem Haufen vorhandene nicht leuchtende Materie wurde postuliert, die in der Lage ist, die notwendige Gravitationskraft aufzubringen. Diese nicht leuchtende Materie wurde fortan als Dunkle Materie bezeichnet. Die Idee von der Existenz nicht leuchtender Materie, insbesondere in der postulierten Menge – immerhin sollten über 80 % der Materie dunkel sein – auf eine natürliche Skepsis. Den Durchbruch brachte dann aber die Untersuchung der Bewegung von Sternen in zahlreichen Galaxien, die in den 1960er Jahren durchgeführt wurden. Im Ergebnis sollen tatsächlich etwa 83 % der Materie aus dunkler Materie und etwa 17 % aus baryonischer bestehen. Das ist einigermaßen verrückt, aber es gibt keine Wahl. Es ist bis heute allerdings nicht ausgemacht, aus welcher Art von Material sich die Dunkle Materiezusammensetzt.

Hinweis:

Seit dem die Dunkle Materiein die Welt gesetzt wurde, gibt es auch Zweifel an ihr. Wenn die Zweifel zuträfen, wäre das ziemlich dramatisch für die Gravitationsphysik. Diese müsste dann wohl, zumindest partiell, überarbeitet werden. Dazu zählt dann auch schlimmstenfalls die Allgemeine Relativitätstheorie. Es liegt auf der Hand, dass das so einfach kein Physiker in die Hand nimmt. Unabhängig davon nehmen die Zweifel an der Existenz der Dunklen Materie zu. So gibt es Untersuchungen, die die sogenannte Lokale Gruppe, wozu die Milchstraße, der Andromedanebel und 60 weitere kleinere, sogenannte Zwerggalaxien, zählen, auf die Existenz dunkler Materieanhäufungen getestet haben. Im Ergebnis wurden 5 schwerwiegende Widersprüche zu den Vorhersagen der Theorie ausgemacht. Die mögliche Nichtexistenz der Dunklen Materie würde auch das Standardmodell der Kosmologie, das wir uns hier anschicken vorzustellen, ins Wanken bringen. Aber so arbeit die Wissenschaft. Sie schreibt keine Dogmen.

Die Rotation von Spiralgalaxien

Wir vergleichen im Folgenden die Rotationsmuster von Sternen unter der Annahme, dass nur leuchtende Materie für das Verbleiben der Sterne in ihrer Galaxie verantwortlich ist, mit den beobachteten Rotationskurven. Wir betrachten dazu eine typische Spiralgalaxie mit einem relativ kompakten Kern und im Vergleich dazu vernachlässigbar materiearmen Spiralarmen. Diese Struktur wird durch die Beobachtung bestätigt. In zunehmendem Abstand vom Galaxienmittelpunkt nimmt nämlich die Helligkeit einer typischen Spiralgalaxie deutlich ab.

Sei nun r die Entfernung vom Mittelpunkt der Galaxie, M(r) die Galaxienmasse innerhalb des Radius r und m die Masse eines Sterns, der mit der tangentialen Geschwindigkeit v im Abstand r um den Mittelpunkt der Galaxie rotiert. Die auf den Stern wirkende Zentrifugalkraft F_z ist dann (siehe Anhang A)

$$1.20 \quad F_z = m \cdot \frac{v(r)^2}{r}.$$

Sie wird generiert durch die Gravitationskraft F_g mit (siehe Anhang A)

$$1.21 \quad F_g = \frac{G \cdot m \cdot M(r)}{r^2}.$$

Aus 1.20 und 1.21 folgt für die Tangentialgeschwindigkeit v der Galaxie

$$1.22 \quad v(r) = \sqrt{\frac{G \cdot M(r)}{r}}.$$

Die Dichte der im Galaxienkern vorhandenen Materie können wir für kleine r als konstant ansehen. Mit

$$1.23 \quad \delta = \frac{M(r)}{V(r)}$$

ist dann

$$1.24 \quad M(r) = \frac{4\pi}{3} \cdot r^3 \cdot \delta$$

und zusammen mit 1.22

$$1.25 \quad v(r) = r \cdot \sqrt{G \cdot \frac{4\pi}{3} \cdot \delta}.$$

Die Tangentialgeschwindigkeit nimmt also linear mit dem Abstand zum Mittelpunkt der Galaxie zu. Das gilt aber nur bis zum Rande des relativ kompakten Kerns der Galaxie.

Für größere r kann man die Gesamtmasse M bis zum betrachteten Abstand ansetzen. Mit 1.22 gilt dann

1.26 $\quad v(r) = \dfrac{1}{\sqrt{r}} \cdot \sqrt{G \cdot M(r)}$.

Tendenziell nimmt also die Tangentialgeschwindigkeit mit zunehmendem Abstand zunächst linear gemäß

1.27 $\quad v(r) \approx r$

zu und dann mit

1.28 $\quad v(r) \approx \dfrac{1}{\sqrt{r}}$

ab. Das Problem besteht darin, dass dieses modellierte Rotationsverhalten nicht beobachtet wird. Beobachtet werden vielmehr Tangentialgeschwindigkeiten, die auf dem anfänglichen, nach dem linearen Anstieg erreichten Niveau bis zum Rande der Beobachtungsmöglichkeit nahezu flach verlaufen[14]. Dies kann erklärt werden durch einen sogenannten Halo nicht sichtbarer Materie, der weit über die sichtbare Grenze der Galaxie hinausgeht und die gesamte Galaxie umhüllt. Diese nicht leuchtende, bis dato ausschließlich gravitativ wahrgenommene, Materie wird Dunkle Materiegenannt.

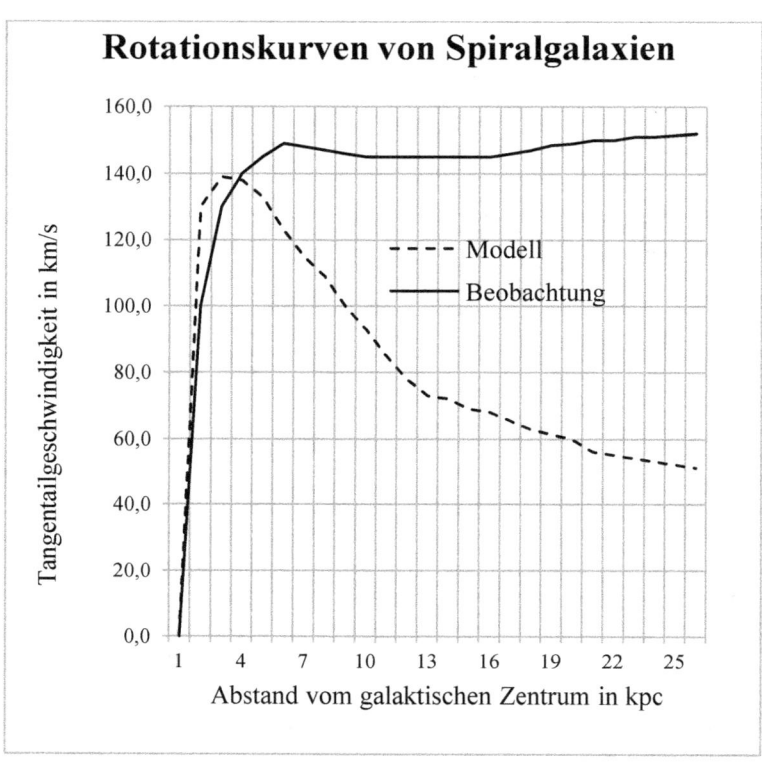

Abbildung 1.1: Rotationskurven von Spiralgalaxien

Die Abbildung 1.1 zeigt den Verlauf der Geschwindigkeiten bei Abstandswerten, die mit den in der Milchstraße beobachteten vergleichbar sind[14].

Es gibt neben dem Rotationsverhalten in Galaxien ein weiteres, aber nicht weniger gewichtiges Indiz für die Existenz nicht leuchtender Materie. Mit diesem werden wir uns im Folgenden auseinandersetzen. Es geht dabei um die Bildung der ersten Strukturen im frühen Universum, die ohne dunkle Materie, bisher jedenfalls nicht, erklärt werden kann.

Die Bildung von Strukturen

Unter 1.2 hatten wir im Zusammenhang mit dem kosmologischen Prinzip die Homogenität des Universums postuliert. Die Annahme der Homogenität des Universums ist aber idealistisch und maximal für große Skalen gerechtfertigt. Dass nämlich das Universum auf kleinen Skalen auffallend inhomogen ist, zeigt ein einfacher Blick in den Sternenhimmel und beispielsweise auf das Band der Milchstraße. Damit die Modelle, die wir noch kennenlernen, das mittlere Verhalten des Universums realistisch beschreiben können, wird aber Homogenität vorausgesetzt. Im vorliegenden Abschnitt soll ansatzweise – eine tiefer gehende Behandlung würde den Rahmen der Arbeit sprengen – gezeigt werden, dass die beobachtete Größenordnung der Inhomogenität auf kleinen Skalen ohne die Existenz bisher nicht beobachtbarer, eben dunkler Materie, zumindest bis heute nicht, erklärt werden kann. Die beobachtete Inhomogenität hat ihren Ursprung in Dichteschwankungen im Material des sehr frühen Universums. Die Keimzellen der heute existenten Strukturen waren schon bei der Rekombination als Dichtefluktuationen in der frei werdenden Hintergrundstrahlung vorhanden. So können bereits im kosmischen Strahlungshintergrund Dichteschwankungen in der Größenordnung von[14]

$$1.29 \quad \frac{\delta(r,t) - \overline{\delta}(t)}{\overline{\delta}(t)} \approx 10^{-5}$$

nachgewiesen werden, die den unter 1.6 angegebenen Temperaturdifferenzen entsprechen. In 1.29 ist $\overline{\delta}(t)$ die mittlere Dichte zum Zeitpunkt t und $\delta(r,t)$ die gegebenenfalls davon abweichende Dichte zum Zeitpunkt t an einer durch r fest gelegten Raumposition. $\widetilde{\delta}(r,t)$ mit

$$1.30 \quad \widetilde{\delta}(r,t) = \frac{\delta(r,t) - \overline{\delta}(t)}{\overline{\delta}(t)}$$

heißt Dichtestörung oder auch Dichtefluktuation. Offensichtlich hat die Dichtefluktuation im Laufe der Entwicklung des Universums zugenommen. Wie man sich die Entwicklung und Herausbildung der Strukturen wie wir sie heute kennen, vorstellt, beschreiben wir nun.

Das durch die mittlere Materiedichte $\bar{\delta}$ generierte Gravitationsfeld kontrolliert die Expansion des Universums nach dem Hubble-Gesetz. Eine Dichteschwankung der Form

1.31 $\quad \Delta\delta(r,t) = \delta(r,t) - \bar{\delta}(t)$

generiert ein zusätzliches Kraftfeld und damit eine Störung des mittleren Gravitationsfeldes. Das insgesamt aus der Materieverteilung resultierende Gravitationsfeld entspricht damit der Summe der Gravitationsfelder, die aus der mittleren Materiedichte und aus den Dichtefluktuationen generiert werden. Betrachtet man nun ein Volumenelement, in dem das resultierende Gravitationsfeld größer ist als das mittlere, also

1.32 $\quad \Delta\delta(r,t) = \delta(r,t) - \bar{\delta}(t) > 0$

gilt, so expandiert das überdichte Gebiet langsamer als es der von der mittleren Dichte kontrollierten Hubble-Expansion entspricht. Die Dichte der Materie in dem betrachteten Volumenelement nimmt deshalb auch langsamer ab, als es im Mittel der Fall ist. Dies impliziert eine zusätzliche relative Verdichtung. Für Gebiete mit einer Dichte, die kleiner ist als die mittlere, vergrößert sich in Analogie die Unterdichte. In beiden Fällen nimmt der Dichtekontrast zu, $|\tilde{\delta}|$ wird also mit fortschreitender Zeit größer. Das lässt den Schluss zu, dass das Universum in früheren Zeiten weniger inhomogen war, als es heute inhomogen ist.

Die mathematischen Methoden, die sich mit der Entwicklung der Dichtefluktuationen beschäftigen, sind die sogenannten Störungsrechnungen. Dabei handelt es sich um Differenzialgleichungen, die sich nur in den einfachsten Fällen analytisch lösen lassen. Bei kleinen Dichtefluktuationen kann man sich den Vorgängen mit einer linearen Approximation nähern. Man erhält im Ergebnis für den Dichtekontrast eine Relation der Form[15]

1.33 $\quad \tilde{\delta}(r,t) \approx D(t) \cdot \tilde{\delta}_0(r)$.

Dabei ist D(t) der sogenannte Wachstumsfaktor. D(t) ist abhängig von dem zugrunde liegenden kosmologischen Modell. In einem sehr einfachen Fall, genauer im sogenannten Einstein de Sitter-Modell[14] entspricht der Wachstumsfaktor dem Skalenparameter a(t), sodass D(t)=a(t) ist und damit

1.34 $\quad \tilde{\delta}(r,t) \approx a(t) \cdot \tilde{\delta}_0(r)$.

Dabei ist $\tilde{\delta}_0(r)$ die gegenwärtige Dichtefluktuation, $\tilde{\delta}(r,t)$ die Dichtefluktuation und a(t) der Skalenparameter bei t. Wir nehmen für einen heute vorliegenden relativen Dichtekontrast beispielsweise $\tilde{\delta}(r,t)$ an. Diese Größenordnung der Dichtefluktuation treffen wir an, wenn wir das Universum auf der Skala von Superhaufen betrachten ($\approx 10 Mpc$). Zum Zeitpunkt der Rekombination t_r mit $a(t_r) \approx 10^{-3}$ sollte man daher mindestens

1.35 $\quad \tilde{\delta}(r,t) \approx 10^{-3}$

erwarten, damit diese Dichtefluktuationen bis heute auf $\tilde{\delta}_0(r) \approx 1$ anwachsen konnten. Das ist aber nicht so. Es wird nämlich, wie oben festgestellt, ein Wert von

1.36 $\quad \tilde{\delta}(r,t_r) \approx 10^{-5}$

gemessen. Dieser Widerspruch kann durch die Annahme der Existenz und gleichzeitig der Dominanz von nicht sichtbarer, also dunkler Materie aufgelöst werden. Voraussetzung ist, dass diese Dunkle Materie mit den Photonen nicht wechselwirkt und sich nur gravitativ äußert. Sie bildet bei t_r eine Dichtefluktuation in der Größenordnung von 10^{-3}. In diese Potenzialtöpfe konnten die nach der Rekombination vom Strahlungsdruck befreiten Baryonen hineinfallen und so zusammen mit der dunklen Materie die Keimzellen für die heutigen Strukturen im Universum bilden. Das ist die sehr aufregende Geschichte des Beginns unserer

Welt. Wir sprechen im nächsten Abschnitt noch kurz über die Zusammensetzung der dunklen Materie.

Die Konstitution der Dunklen Materie

Fragt man danach, aus welchem Material die Dunkle Materie besteht, so gibt es zwei prinzipielle Antworten. Entweder lässt sich die Dunkle Materie astronomisch, das heißt, durch nicht leuchtende Himmelskörper, zum Beispiel durch ausgebrannte Sterne erklären oder aber durch die fundamentale Physik, also durch noch nicht bekannte Teilchen. Inzwischen geht man davon aus, dass es sich bei der Dunklen Materie um Teilchen handelt, die sich leider, trotz intensiver Suche, der Beobachtung hartnäckig entziehen. Lange Zeit war man sich nicht sicher – ganz sicher ist man sich genau genommen auch heute noch nicht –, ob es sich um relativistische oder um nicht relativistische Teilchen handeln könnte[3]. Im ersten Fall spricht man von HDM für hot dark matter und im zweiten Fall von CDM für cold dark matter. Inzwischen geht man davon aus, dass die Dunkle Materie im Wesentlichen aus nicht relativistischer Materie besteht. Postuliert werden Teilchen, die ausschließlich der Gravitation und der schwachen Kernkraft unterliegen, sogenannte WIMPs von weakly interacting massive particles. Als Kandidaten gelten Elementarteilchen, die sich aus einer Erweiterung des Standardmodells der Elementarteilchenphysik[14], der sogenannten Theorie der Supersymmetrie ergeben. Die aussichtsreichsten Kandidaten sind die leichtesten supersymmetrischen Teilchen, die sogenannten LSPs von „lightest supersymmetric particle". Von den Experimenten am LHC-Beschleuniger am europäischen Forschungszentrum CERN erwartet man weitere Erkenntnisse über die Zusammensetzung der dunklen Materie. Noch schöner und zugleich eine Sensation wäre sicher die unmittelbare Bestätigung ihrer Existenz und der Nachweis ihrer tatsächlichen Konstitution.

Das Thema zusammenfassend geht man heute davon aus, dass die baryonische Materie ca. 4,5 % und die Dunkle Materie ca. 22,2 %, beide Materiearten zusammen also etwa 26,7 % der gesamten Materie- und Energiedichte des Universums ausmachen. Es ist also

1.37 $\quad \Omega_{b,0} \approx 0{,}045,$

1.38 $\Omega_{d,0} \approx 0{,}222$

und

1.39 $\Omega_{m,0} = \Omega_{b,0} + \Omega_{d,0} \approx 0{,}267$.

Das alles ist ziemlich exotisch. Aber es wird noch um Einiges exotischer. Die fehlenden etwas über 70 % an der Zusammensetzung unseres Universums sind nämlich noch nicht erklärt. Darüber werden wir im folgenden Abschnitt sprechen.

1.8 Die dunkle Energie

Bei Anwendung der Feldgleichungen der allgemeinen Relativitätstheorie auf ein homogenes und isotropes Universum ergeben sich zwei grundsätzliche Lösungen. Das Modell sagt entweder ein für alle Zeiten expandierendes Universum voraus oder ein Universum, das nach endlicher Zeit in sich zusammenfällt, das heißt, kollabiert. Beide Lösungen widersprachen dem seinerzeit vorherrschenden Weltbild eines stationären Universums. Um diesem Bild zu entsprechen, führte Einstein in seinen Feldgleichungen eine Konstante ein, mit der genau das, nämlich ein stationäres Universum, erreicht wurde. Die Konstante wurde kosmologische Konstante genannt und fortan mit dem griechischen Buchstaben Λ (Lambda) bezeichnet. Eine gute physikalische Interpretation der Konstanten gab es nicht. Der russische Physiker und Mathematiker Alexander Alexandrowitsch Friedmann fand als erster Lösungen der einsteinschen Feldgleichungen, nach denen das Universum nicht statisch, sondern dynamisch sein konnte. Nachdem Ende der 1920er Jahre von Hubble die Expansion des Universums beobachtet wurde, bezeichnete Einstein die Einführung von Lambda angeblich als die größte Eselei seines Lebens. Ob diese Überlieferung richtig ist, wissen wir nicht. Wir wissen aber, dass Einstein die Konstante verwarf. Als 1998 beobachtet wurde[3], dass die Expansion des Universums beschleunigt verläuft und nicht gebremst, wie man bis dato geglaubt hatte zu wissen, wurde die kosmologische Konstante reaktiviert. Ihre Wirkung auf die Dynamik der Expansion entspricht dieser Beobachtung. Eine positive kosmologische Konstante wirkt nämlich wie eine Antischwerkraft und generiert eine Beschleunigung der Expansion des Universums. Man hat versucht, die kosmologische Konstante durch quantenmechanische Effekte zu erklären[9]. Es ist aber bis heute nicht gelungen, einen einigermaßen realistischen Wert für Λ aus der Quantenmechanik abzuleiten. Die auf diese weise ermittelte Größenordnung übertrifft die beobachtete bzw. aus den kosmologischen Gleichungen errechnete um ca. 120 Zehnerpotenzen[9]. Andererseits ist Λ, wenn man es aus den kosmologischen Gleichungen ableitet, so klein, dass viele Wissenschaftler alleine schon darin einen Grund für seine Nichtexistenz sehen, Λ also eher lieber bei null sähen. Berechnet man nämlich seinen Wert aus den kosmologischen Gleichungen, so ergibt sich eine extrem kleine Größe. Es ist

1.40 $\quad \Lambda \approx 10^{-35} \cdot s^{-2}$.

Die aktuellen Beobachtungen lassen uns allerdings keine Chance. Es sieht danach aus, dass tatsächlich

1.41 $\quad \Lambda \neq 0$

ist. Wäre der Wert aber nur wenig größer als er tatsächlich ist, wäre das Universum aufgrund der abstoßenden Kraft auseinandergeflogen, bevor es in der Lage gewesen wäre, zum Beispiel Lebewesen wie uns, hervorzubringen[9].

Wir fassen das Thema vorläufig zusammen. Alle Beobachtungen weisen auf eine von null verschiedene positive kosmologische Konstante hin. Die Interpretation als Dunkle Energie führt zu einer Energiedichte, die ca. 73,4 % der Materie- und Energiedichte des Universums ausmacht. Es ist also

1.42 $\quad \Omega_{\Lambda,0} \approx 0{,}734$.

Auf eine wichtige, wenn auch eine sehr merkwürdige, Eigenschaft der dunklen Energie wollen wir an dieser Stelle noch eingehen. Diese Eigenschaft erklärt eigentlich erst die abstoßende Wirkung, die von der dunklen Energie generiert wird. Da die Dichte der dunklen Energie als konstant postuliert wird[6,7], folgt unmittelbar aus dem 1. Hauptsatz der

Thermodynamik für ein expandierendes, genauer adiabatisch expandierendes Universum (siehe Anhang A)

1.43 $\quad p \cdot dV + dE = 0$

und dann

1.44 $\quad p_\Lambda \cdot dV + d(\delta_\Lambda \cdot V) = 0$.

Damit ist

1.45 $\quad p_\Lambda = -\delta_\Lambda$

Der durch die Dunkle Energie generierte Druck im „System" Universum ist also negativ. Man kann sich die Situation wie folgt vorstellen. Mit der Expansion des Universums nimmt die Dunkle Energie proportional zum Volumen zu:

$E_\Lambda \approx V$

Damit bleibt die Dichte der Dunklen Energie konstant und nach 1.45 der generierte Druck negativ. Dadurch wir eine repulsive, nach außen und die Expansion des Universums beschleunigende, Kraft generiert.

Hinweis:

Wir haben noch nicht definiert, was wir unter der Dichte der dunklen Energie genau verstehen wollen. In die Definition muss notewendigerweise die Konstante Λ eingehen. Im Zusammenhang mit der Friedmann-Gleichung im Kapitel 2 werden wir auf dieses Thema zurückkommen.

1.9 Das unbekannte Universum

Wir fassen die wesentlichen Punkte des vorliegenden Kapitels zur Einführung in die Kosmologie zusammen. Trotz der atemberaubenden Fortschritte, die die Kosmologie innerhalb der letzten 100 Jahre durchlaufen hat, ist die Situation einigermaßen ernüchternd. Wir sind sicher, dass das Universum einen Anfang hatte und vor rund 14 Milliarden Jahren aus einem extrem kleinen, dichten und heißen Anfangszustand entstanden ist und seit dem nach dem Gesetz von Hubble expandiert. Der Photonenhintergrund, der einer Schwarzkörperstrahlung mit einer Temperatur von ziemlich exakt 2,728 K entspricht, die erstmals von Hubble entdeckte Expansion des Universums und die beobachtete Heliumhäufigkeit von ca. 25 %[14] sind die wichtigsten Zeugnisse der Theorie vom heißen Urknall. Darüber hinaus besitzt das Universum eine flache Geometrie und expandiert infolge des Nichtverschwindens der kosmologischen Konstanten seit einem Alter von ca. 7 Milliarden Jahren beschleunigt. Siehe dazu Kapitel 5. Wir sollten aber zugestehen, dass wir über die Zusammensetzung des Universums so gut wie nichts wissen. Nur knapp 5 % der gesamten Materie- und Energiedichte bestehen aus dem uns bekannten Material, der sogenannten baryonischen Materie. Der überwiegende Teil, nämlich über 95 %, bestehen aus bis dato unbekannter Dunkler Materie in Höhe von ca. 22 und aus der noch mysteriöseren Dunklen Energie in Höhe von gut 72 %. Das ist sicher eine sehr ernüchternde vorläufige Bilanz. Sie zeigt, dass die Kosmologie trotz gewaltiger Fortschritte eigentlich noch tief in den Kinderschuhen steckt. Und es ist nicht auszuschließen, dass uns Dunkle Materie und Dunkle Energie, wenn wir es salopp formulieren wollen, samt dem Standardmodell der Kosmologie eines Tages um die Ohren fliegen. Das soll uns aber nicht daran hindern, das Modell vorzustellen. In der Abbildung 1.2 haben wir die Anteile der unterschiedlichen Energie- und Materieanteile grafisch dargestellt. Dabei ist der Strahlungshinergrund mit etwa $8,5 \cdot 10^{-3}$ % vernachlässigt.

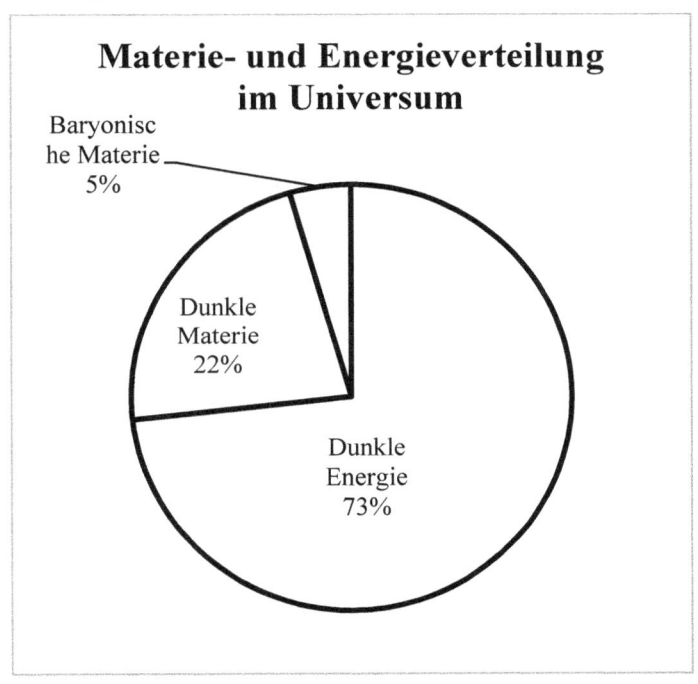

Abbildung 1.2: Materie- und Energieverteilung im Universum

2 Die kosmologischen Gleichungen

Zu den kosmologischen Gleichungen zählt man die Friedmann-Gleichung, die Strömungsgleichung und die Beschleunigungsgleichung. Im Folgenden werden wir diese Gleichungen mithilfe der klassischen newtonschen Physik herleiten. Alexander Alexandrowitsch Friedmann (1988 bis 1925) war ein russischer Physiker und Mathematiker. Er war der Erste, der aus den Feldgleichungen der Relativitätstheorie Albert Einsteins das Modell eines Universums ableitete, das expandiert und nicht statisch ist, wie man es bis dahin angenommen hatte. Die Friedmann-Gleichung ist eine Lösung der einsteinschen Feldgleichungen für ein homogenes und isotropes Universum. Die Friedmann-Gleichung beschreibt die Entwicklung des Universums unter dem Einfluss der Skalenfunktion a(t) und den kosmologischen Parametern. Unter den kosmologischen Parametern verstehen wir unter Berücksichtigung der vereinfachenden Annahme eines flachen Universums die im Universum vorliegende Strahlungsdichte, Materie- bzw. Energiedichte $\delta(t)$ und die kosmologische Konstante Λ.

Die Friedmann-Gleichung ist, wie eingangs festgestellt, eine Lösung der einsteinschen Feldgleichungen. Man kann die Gleichung aber auf Basis der klassischen newtonschen Physik entwickeln, sodass man auf die vergleichsweise schwierige Herleitung im Rahmen der Allgemeinen Relativitätstheorie verzichten kann[1,3].

Im Folgenden werden wir zunächst die vollständige und aus der ART resultierende Friedmann-Gleichung vorstellen, allerdings, wie vereinbart reduziert auf ein flaches Universum.

Friedmann-Gleichung:

Sei a(t) die kosmische Skalenfunktion, $\delta(t)$ die Dichte der im Universum vorhandenen Materie und Strahlung und Λ die kosmologische Konstante, dann gilt die Friedmann-Gleichung

2.1 $\left(\dfrac{a'(t)}{a(t)}\right)^2 = \dfrac{8\pi G}{3} \cdot \delta(t) + \dfrac{\Lambda}{3}.$

Herleitung:

Wir entwickeln die Gleichung auf Basis der klassischen Physik. Da der kosmologische Term eine „Erfindung" der ART ist, kann er trivialerweise von der klassischen Physik nicht vorhergesagt werden. Wir können ihn aber als Ausdruck einer zusätzlichen, abstoßenden Kraft interpretieren. Dazu kommen wir später. Zunächst beschränken wir uns deshalb auf die klassische Physik und betrachten einen kugelförmigen Ausschnitt des Universums mit dem Radius r(t). Von dem Radius r(t) nehmen wir an, dass er mit zunehmender Zeit und durch die Skalenfunktion bestimmt, gemäß

2.2 $r(t) = a(t) \cdot r(t_0)$

expandiert. Dabei ist $r(t_0)$ der Radius zu einem bestimmten, in diesem Falle zum gegenwärtigen Zeitpunkt t_0. Weiter sei $\delta(t)$ die Materiedichte innerhalb der Kugel, M die in der Kugel vorhandene Masse und m eine Probemasse (Galaxie) auf der Oberfläche der Kugel. Mit diesen Voraussetzungen und dem newtonschen Gravitationsgesetz (siehe Anhang A) erhält man für die auf die Probemasse m wirkende Kraft F

2.3 $F = -G \cdot \dfrac{m \cdot M}{r(t)^2} = m \cdot r''(t).$

Nach Multiplikation mit $r'(t)$ und Division durch m folgt

$-G \cdot M \cdot \dfrac{r'(t)}{r(t)^2} = r'(t) \cdot r''(t).$

Diese Relation ist äquivalent zu

2.4 $G \cdot M \cdot \dfrac{d}{dt}\left(\dfrac{1}{r(t)}\right) = \dfrac{1}{2} \cdot \dfrac{d}{dt}\left(r'(t)^2\right).$

Durch Integration von 2.4 erhält man

2.5 $\quad G \cdot M \cdot \dfrac{1}{r(t)} + U = \dfrac{1}{2} \cdot r'(t)^2$.

Dabei ist U die Integrationskonstante. Auf diese Gleichung kommen wir weiter unten zurück. Ersetzt man nun noch r(t) gemäß 2.2 durch

$r(t) = a(t) \cdot r(t_0)$

und M durch

$M = \dfrac{4\pi}{3} \cdot r(t)^3 \cdot \delta(t) = \dfrac{4\pi}{3} \cdot a(t)^3 \cdot r(t_0)^3 \cdot \delta(t)$,

so folgt

$\dfrac{4\pi G}{3} \cdot a(t)^2 \cdot r(t_0)^2 \cdot \delta(t) + U = \dfrac{1}{2} \cdot a'(t)^2 \cdot r(t_0)^2$

und dann

$\dfrac{8\pi G}{3} \cdot a(t)^2 \cdot \delta(t) + \dfrac{2 \cdot U}{r(t_0)^2} = a'(t)^2$

und schließlich

2.6 $\quad \dfrac{a'(t)^2}{a(t)^2} = \dfrac{8\pi G}{3} \cdot \delta(t) + \dfrac{2 \cdot U}{r(t_0)^2} \cdot \dfrac{1}{a(t)^2}$.

Den konstanten Term

$\dfrac{2 \cdot U}{r(t_0)^2}$

ersetzen wir der Konvention folgend[11] nun noch durch –k und erhalten die klassische Form der Friedmann-Gleichung ohne kosmologische Konstante

2.7 $\quad \dfrac{a'(t)^2}{a(t)^2} = \dfrac{8\pi G}{3} \cdot \delta(t) - \dfrac{k}{a(t)^2},$

wobei k die werte 0, -1 und +1 annehmen kann. Wie vereinbart beschränken wir uns auf den Fall eines flachen Universums, also auf k=0 und erhalten

2.8 $\quad \dfrac{a'(t)^2}{a(t)^2} = \dfrac{8\pi G}{3} \cdot \delta(t).$

Wir gehen nun auf Aspekte ein, die durch die ART gegenüber der klassischen Physik hinzukommen. Die Lösungen der einsteinschen Feldgleichungen lassen, wie wir bereits wissen, einen zusätzlichen konstanten Term

2.9 $\quad \dfrac{\Lambda}{3}$

zu.

Hinweis:

Die Drittelung ist reine Konvention. Wir werden noch sehen, wofür sie gut ist.

Die Konstante Λ wird kosmologische Konstante genannt. Sie wurde von Einstein in die Feldgleichungen eingefügt, um dem damaligen Weltbild folgend ein statisches Universum zu erhalten. Sie wirkt nämlich der Gravitationskraft quasi wie eine Antischwerkraft entgegen und verhindert, dass das Universum nicht kollabiert. Die Größe der Konstante musste so gewählt werden, dass die resultierende Kraft in der Lage war, die nach „innen" gerichtete Gravitationskraft gerade auszugleichen. Nach der Entdeckung der Expansion des Universums durch Hubble wurde die Konstante in dieser Form von Einstein verworfen. Nachdem aber im Jahre 1998 beobachtet wurde, dass das Universum mit ziemlicher Sicherheit beschleunigt expandiert, erlebte die Konstante ihre Renaissance. Mit einer positiven Konstante kann nämlich die beschleunigte Expansion erklärt werden. Wir kommen drauf zurück. Eine physikalische Interpretation von Λ ist aber nach wie vor nicht in Sicht[3,8,14]. Im Rahmen der klassischen Physik kann die kosmologische Konstante durch die Annahme einer abstoßenden Gravitationskraft in die Friedmann-Gleichung eingebracht werden. Siehe weiter unten.

Die Dichte $\delta(t)$ in der Friedmann-Gleichung ist zusammengesetzt aus der Materiedichte $\delta_m(t)$ und der Strahlungsdichte $\delta_r(t)$, die der ART folgend auch den Strahlungsdruck umfasst, der sich als Strahlungsenergie äußert und damit zur „Schwere" beiträgt[3]. Solange wir die Differenzierung nicht benötigen, schreiben wir weiterhin. Falls wir differenzieren müssen, wählen wir die entsprechenden Bezeichnungen. Mit der Differenzierung zwischen Materie- und Strahlungsdichte hat die Friedmann-Gleichung für ein flaches Universum die endgültige Form

2.10 $\quad \left(\dfrac{a'(t)}{a(t)}\right)^2 = \dfrac{8\pi G}{3} \cdot \left(\delta_m(t) + \delta_r(t)\right) + \dfrac{\Lambda}{3}.$

Im Zusammenhang mit der ART-basierten Lösung muss insbesondere die Vorstellung von der expandierenden Kugel aufgegeben werden. Das Bild der expandierenden Kugel suggeriert nämlich die Existenz eines Mittelpunktes, von dem aus sich die Galaxien entfernen. Wie wir bereits wissen, widerspricht diese Vorstellung dem kosmologischen Prinzip. Die Vorstellung von der Expansion wird dadurch radikal geändert, dass nicht die Galaxien es sind, die sich von jedem Punkt des Raumes nach dem Hubble-Gesetz entfernen, sondern, dass sich der Raum selbst ausdehnt und die Hubble-Beziehung eine Eigenschaft der expandierenden Raumzeit ist. Wir kommen darauf zurück.

Wir definieren nun noch, wie im Kapitel 1 bei der Besprechung der dunklen Energie angekündigt, die Dichte der dunklen Energie. Wir interpretieren dazu den kosmologischen Term neben der Materie- und Strahlungsdichte als weiteren Dichteterm δ_Λ, eben als Dichte der Dunklen Energie, indem wir diesen in der Gleichung 2.10 in die „Dichteklammer" ziehen. Damit wird

$$\left(\frac{a'(t)}{a(t)}\right)^2 = \frac{8\pi G}{3} \cdot \left(\delta_m(t) + \delta_r(t) + \frac{\Lambda}{8\pi G}\right).$$

2.11 $\quad \delta_\Lambda(t) = \dfrac{\Lambda}{8\pi G}$

interpretieren wir als Λ-Dichte oder Dichte der Dunklen Energie.

Wir leiten nun mit Unterstützung des 1. Hauptsatzes der Thermodynamik (siehe Anhang A) die sogenannte Strömungsgleichung her. Die Strömungsgleichung beschreibt die Änderung der Energiedichte in der kosmischen Zeit. Das Universum wird in diesem Zusammenhang großräumig als ein ideales Gas modelliert. In diesem Modell entsprechen die Galaxien den Molekülen des Gases. Auf dieses Modell lässt sich der erste Hauptsatz der Thermodynamik in der unter A dargestellten Form für eine adiabatische und damit reversible Expansion anwenden. Wir stellen zunächst die Gleichung vor.

Strömungsgleichung:

Sei $a(t)$ die Skalenfunktion, die die Expansion des Universums beschreibt, $\delta(t)$ die Dichte der im Universum vorhandenen Energie und $p(t)$ der im expandierenden System herrschende Druck, dann gilt die Strömungsgleichung

2.12 $\quad \delta'(t) + 3 \cdot \dfrac{a'(t)}{a(t)} \cdot \left(\delta(t) + \dfrac{p(t)}{c^2}\right) = 0$.

Herleitung:

Für die Herleitung der Strömungsgleichung verwenden wir den 1. Hauptsatz der Thermodynamik. Bei der Expansion des Universums handelt es sich um eine adiabatische Expansion[4]. Wir können damit den Hauptsatz in der Form gemäß Anhang A anwenden. Danach ist

2.13 $\quad dE + p \cdot dV = 0$.

Sei nun wieder $r(t) = a(t) \cdot r(t_0)$ der Radius eines kugelförmigen Ausschnittes des Universums und m in diesem Fall die Galaxienmasse innerhalb der Kugel. Wir berechnen das Volumen der Kugel. Es ist

$$V = \frac{4\pi}{3} \cdot r(t)^3 = \frac{4\pi}{3} \cdot a(t)^3 \cdot r(t_0)^3.$$

Mit $E = mc^2$ und $m = V \cdot \delta(t)$ folgt

$$E = mc^2 = \frac{4\pi}{3} \cdot a(t)^3 \cdot r(t_0)^3 \cdot \delta(t) \cdot c^2.$$

Die Ableitung von E nach t ergibt

$$\frac{dE}{dt} = 4\pi \cdot r(t_0)^3 \cdot c^2 \cdot a(t)^2 \cdot a'(t) \cdot \delta(t) + \frac{4\pi}{3} \cdot r(t_0)^3 \cdot c^2 \cdot a(t)^3 \cdot \delta'(t)$$

und von V nach t

$$\frac{dV}{dt} = 4\pi \cdot r(t_0)^3 \cdot a(t)^2 \cdot a'(t).$$

Wir gehen mit beiden Ergebnissen in die Gleichung 3.12. Wir können dabei $r(t_0)^3$ ausklammern und erhalten

$$\frac{dV}{dt} = \frac{dE}{dt} + p(t) \cdot \frac{dV}{dt}$$

$$= 4\pi \cdot c^2 \cdot a(t)^2 \cdot a'(t) \cdot \delta(t) + \frac{4\pi}{3} \cdot c^2 \cdot a(t)^3 \cdot \delta'(t) + 4\pi \cdot p(t) \cdot a(t)^2 \cdot a'(t)$$

$$= \frac{4\pi}{3} \cdot c^2 \cdot \left(3 \cdot a(t)^2 \cdot a'(t) \cdot \delta(t) + a(t)^3 \cdot \delta'(t) + 3 \cdot a(t)^2 \cdot a'(t) \cdot \frac{p(t)}{c^2} \right)$$

$$= \frac{4\pi}{3} \cdot c^2 \cdot a(t)^3 \cdot \left(3 \cdot \frac{a'(t)}{a(t)} \cdot \delta(t) + \delta'(t) + 3 \cdot \frac{a'(t)}{a(t)} \cdot \frac{p(t)}{c^2} \right) = 0.$$

Das ist die eingangs formulierte Strömungsgleichung

$$\delta'(t) + 3 \cdot \frac{a'(t)}{a(t)} \cdot \left(\delta(t) + \frac{p(t)}{c^2} \right) = 0 \ .$$

Wir kommen zur dritten der kosmologischen Gleichungen, zur Beschleunigungsgleichung. Sie lässt sich ohne weitere Annahmen unmittelbar aus der Friedmann-Gleichung und der Strömungsgleichung ableiten. Die Beschleunigungsgleichung macht eine Aussage über das Verhalten der Expansionsgeschwindigkeit.

Beschleunigungsgleichung:

Sei a(t) die Skalenfunktion, die die Expansion des Universums beschreibt, $\delta(t)$ die Dichte der im Universum vorhandenen Energie, Λ die kosmologische Konstante und p(t) der Druck, der im expandierenden System herrscht, dann heißt

2.14 $\quad \dfrac{a''(t)}{a(t)} = -\dfrac{4\pi}{3} \cdot \left(\delta(t) + \dfrac{3 \cdot p(t)}{c^2} \right) + \dfrac{\Lambda}{3}$

kosmologische Beschleunigungsgleichung.

Herleitung:

Für die Herleitung wird die Friedmann-Gleichung mit $a(t)^2$ multipliziert. Aus

$$\left(\frac{a'(t)}{a(t)} \right)^2 = \frac{8\pi G}{3} \cdot \delta(t) + \frac{\Lambda}{3}$$

wird also

2.15 $\quad a'(t)^2 = \dfrac{8\pi G}{3} \cdot \delta(t) \cdot a(t)^2 + \dfrac{\Lambda}{3} \cdot a(t)$.

2.15 leiten wir nun nach t ab. Es folgt

$2 \cdot a'(t) \cdot a''(t)$

$$= \frac{8\pi G}{3} \cdot (2 \cdot a(t) \cdot a'(t) \cdot \delta(t)$$

und nach Division durch $2 \cdot a(t) \cdot a'(t)$

$$\frac{a''(t)}{a(t)} = \frac{8\pi G}{3} \cdot (\delta(t) + \delta'(t) \cdot \frac{a(t)}{2 \cdot a'(t)}) + \frac{\Lambda}{3}$$

$$= \frac{4\pi G}{3} \cdot (2 \cdot \delta(t) + \delta'(t) \cdot \frac{a(t)}{a'(t)}) + \frac{\Lambda}{3}$$

Ersetzt man nun $\delta'(t)$ durch

2.16 $\quad \delta'(t) = -3 \cdot \frac{a'(t)}{a(t)} \cdot \left(\delta(t) + \frac{p(t)}{c^2} \right)$

aus der Strömungsgleichung, so wird

$$\frac{a''(t)}{a(t)} = \frac{4\pi G}{3} \cdot \left(2 \cdot \delta(t) - 3 \cdot \frac{a'(t)}{a(t)} \cdot \left(\delta(t) + \frac{p(t)}{c^2} \right) \cdot \frac{a(t)}{a'(t)} \right) + \frac{\Lambda}{3}$$

$$= \frac{4\pi G}{3} \cdot \left(-\delta(t) - 3 \cdot \frac{p(t)}{c^2} \right) + \frac{\Lambda}{3}$$

$$= -\frac{4\pi G}{3} \cdot \left(\delta(t) + \frac{3 \cdot p(t)}{c^2} \right) + \frac{\Lambda}{3}.$$

Das ist die Beschleunigungsgleichung 2.14.

Wir kommen abschließend auf die klassische Interpretation der kosmologischen Konstanten. Wir multiplizieren dazu die Beschleunigungsgleichung mit $a(t)$ und erhalten

2.17 $\quad a''(t) = -\frac{4\pi G}{3} \cdot \left(\delta(t) + \frac{3 \cdot p(t)}{c^2} \right) \cdot a(t) + \frac{\Lambda}{3} \cdot a(t).$

Wir erinnern an das Bild der expandierenden Kugel, das wir für die Herleitung der Friedmann-Gleichung benutzt haben und beobachten die Bewegung einer Probemasse, die wir uns auf der Oberfläche der Kugel vorstellen. Wie wir wissen, generiert der im System herrschende Druck Energie und damit Gravitation. Die sich insgesamt gravitativ äußernde Energiedichte ist dann

2.18 $\quad \dfrac{M}{V} = \dfrac{3 \cdot M}{4\pi \cdot a(t)^3 \cdot r(t_0)^3} = \delta(t) + \dfrac{3 \cdot p(t)}{c^2}$.

Wir setzen in 2.18 ohne Beschränkung der Allgemeinheit $r(t_0) = 1$ und erhalten

2.19 $\quad \dfrac{M}{V} = \dfrac{3 \cdot M}{4\pi \cdot a(t)^3} = \delta(t) + \dfrac{3 \cdot p(t)}{c^2}$.

Wir gehen nun mit 2.19 in die Gleichung 2.17 und erhalten

2.20 $\quad a''(t) = -\dfrac{G \cdot M}{a(t)^2} + \dfrac{\Lambda}{3} \cdot a(t)$.

Wir interpretieren 2.20 mithilfe des newtonschen Beschleunigungsgesetzes (siehe Anhang A). Eine auf der Oberfläche der modellierten Kugel befindliche Probemasse erfährt danach eine Beschleunigung $a''(t)$ und „fühlt" dabei zwei entgegengesetzt wirkende Kräfte, und zwar die anziehende gravitative Kraft

2.21 $\quad F_g = -\dfrac{G \cdot M}{a(t)^2}$

und die repulsive Kraft

2.22 $\quad F_\Lambda = \dfrac{\Lambda}{3} \cdot a(t)$,

die bei positivem Lambda mit wachsendem Skalenwert linear zunimmt. Die kosmologische Konstante lässt sich also als repulsive, mit der kosmischen Skalenfunktion linear zunehmende, Kraft interpretieren.

3 Das Standardmodell der Kosmologie

Im vorliegenden Kapitel stellen wir das Standardmodell der Kosmologie vor, das auch als Referenzmodell bezeichnet wird. Wir beginnen mit der Interpretation der Hubble-Expansion als Eigenschaft der Raumzeit und definieren die Größen Hubble-Zeit und Hubble-Radius. Anschließend legen wir fest, was wir unter der kritischen Dichte verstehen und leiten daraus die Dichteparameter für die unterschiedlichen Energiearten ab, für die Strahlung, die Materie und die dunkle Energie. Dann gehen wir auf eine allgemeine Gesetzmäßigkeit zwischen der Dichte und dem Skalenparameter ein und kommen so schließlich zu den sogenannten Zustandsgleichungen. Mit diesem Werkzeug ausgestattet, gehen wir in die Friedmann-Gleichung. In diese gehen dann nur noch die Dichteparameter und die Hubble-Konstante der gegenwärtigen Epoche sowie die Skalenfunktion ein. Wenn wir dann noch die sogenannte Rotverschiebung eingeführt haben, können wir schlussendlich die Dynamik der Expansion in Abhängigkeit von grundsätzlich messbaren Größen darstellen. Wir verfügen damit über das Modell, das uns ein Bild von der Expansion des Universums vermittelt.

3.1 Das Universum als Raumzeit

Sei $r(t_0)$ die Entfernung einer Galaxie bei t_0, dann folgt aus der Definition der kosmischen Skalenfunktion für die Entfernung bei t

3.1 $\quad r(t) = a(t) \cdot r(t_0)$

und für die Entfernung bei $t + \Delta t$

$r(t + \Delta t) = a(t + \Delta t) \cdot r(t_0)$.

Zusammen ist

$$\frac{r(t+\Delta t) - r(t)}{\Delta t} = \frac{a(t + \Delta t) - a(t)}{\Delta t} \cdot r(t_0) = \frac{a(t+\Delta t) - a(t)}{\Delta t} \cdot \frac{r(t)}{a(t)}.$$

Mit $\Delta t \to 0$ folgt

3.2 $\quad v(t) = a'(t) \cdot \dfrac{r(t)}{a(t)} = \dfrac{a'(t)}{a(t)} \cdot r(t)$.

Daraus folgt

3.3 $\quad v(t) = H(t) \cdot r(t)$.

Für t_0 folgt aus 3.3

3.4 $\quad v_0 = H_0 \cdot r_0$.

Das ist das von Hubble entdeckte Geschwindigkeit-Distanz-Gesetz, das später nach ihm benannt wurde.

3.2 Die Hubble-Zeit

Die Hubble-Zeit, auch Hubble-Time t_{H_0} ist der Kehrwert der Hubble-Konstanten

3.5 $\quad t_{H_0} = \dfrac{1}{H_0}$.

Für die Hubble-Zeit in Jahren folgt mit

$c \approx 10^5 \, \dfrac{km}{s}$ und $1 \, Mpc \approx 3{,}262 \cdot 10^6 \, L \, j$

$t_{H_0} = \dfrac{1}{H_0} = \dfrac{1}{h} \cdot \left[\dfrac{s \cdot Mpc}{km} \right] \approx \dfrac{1}{h} \cdot 3 \cdot 3{,}262 \cdot 10^{11}$, also

3.6 $\quad t_{H_0} \approx 9{,}786 \cdot h^{-1} \, MrdJ$

und nach Auflösung von h mit $h \approx 0{,}71$

3.7 $\quad t_{H_0} \approx 13{,}8 \, MrdJ$.

Im letzten Abschnitt hatten wir die Hubble-Beziehung als eine Eigenschaft des expandierenden Raumes ausgemacht, die zu jeder Zeit gilt. Entsprechend lässt sich auch die Hubble-Zeit als Funktion der Zeit definieren

3.8 $\quad t_H(t) = \dfrac{1}{H(t)}$.

3.3 Der Hubble-Radius

Der Hubble-Radius r_{H_0} ist die aus dem Hubble-Gesetz abgeleitete Distanz, bei der die Fluchtgeschwindigkeit bzw. Expansionsgeschwindigkeit der Lichtgeschwindigkeit entspricht. Es gilt

3.9 $\quad r_{H_0} = \dfrac{c}{H_0}$.

Unter Ausnutzung der Hubble-Zeit t_{H_0} ist

3.10 $\quad r_{H_0} = c \cdot t_{H_0}$.

Mit der Hubble-Zeit gemäß 3.8 erhält man

3.11 $\quad r_{H_0} \approx 9{,}786 \cdot h^{-1} \text{ MrdLj}$

und nach Auflösung von h

3.12 $\quad r_{H_0} \approx 13{,}8 \text{ MrdLj}$.

In Analogie zur Hubble-Zeit können wir auch den Hubble-Radius allgemein als Funktion der Zeit auffassen. Es ist also

3.13 $\quad r_{H(t)} = \dfrac{c}{H(t)}$.

3.4 Die kritische Dichte

Das Standardmodell der Kosmologie modelliert ein flaches Universum, ein Universum also, das keine Krümmung aufweist[1,7]. Aus Beobachtungen wissen wir, dass das reale Universum tatsächlich flach ist. Insofern befinden wir uns auf guten Weg. Die gesamte Materie- und Energiedichte eines flachen Universums wird auch als kritische Dichte bezeichnet. Das hat eher historische Gründe. Friedmann-Modelle, Modelle also, die der Friedmann-Gleichung folgen und ohne kosmologische Konstante sind, sagen nämlich ein für alle Zeiten expandierendes Universum vorher, wenn ihre Dichte kleiner oder gleich dieser „kritischen" Dichte ist. Ist ihre Gesamtdichte größer als die kritische Dichte, dann kollabieren sie eines Tages. In Friedmann-Universen mit einer positiven kosmologischen Konstante ist die Situation nicht ganz so einfach[1]. Das heißt, es gibt Konstellationen der kosmologischen Parameter, wenn auch relativ pathologische, die zu einem kollabierenden flachen Universum führen.

Wir bezeichnen die kritische Dichte, die im vorliegenden Fall des Standardmodells mit der Gesamtdichte übereinstimmt, mit δ_c. Wir gehen aus von der Friedmann-Gleichung

3.14 $\quad H(t)^2 = \dfrac{8\pi G}{3} \cdot \left(\delta_m(t) + \delta_r(t)\right) + \dfrac{\Lambda}{3}$,

ziehen den kosmologischen Term $\dfrac{\Lambda}{3}$ in die Klammer und erhalten

$$H(t)^2 = \dfrac{8\pi G}{3} \cdot \left(\delta_m(t) + \delta_r(t) + \dfrac{\Lambda}{8\pi G}\right).$$

δ_Λ mit

3.15 $\quad \delta_\Lambda = \dfrac{\Lambda}{8\pi G}$

interpretieren wir als Dichte der dunklen Energie. Damit gilt

3.16 $H(t)^2 = \dfrac{8\pi G}{3} \cdot \left(\delta_m(t) + \delta_r(t) + \delta_\Lambda\right)$

Für die Summe aus der Materie- und Strahlungsdichte und der Dichte der dunklen Energie ergibt sich die kritische Dichte oder auch Gesamtdichte δ_c mit

3.17 $\delta_c(t) = \dfrac{3 \cdot H(t)^2}{8\pi G}$

und

3.18 $\delta_c(t) = \delta_m(t) + \delta_r(t) + \delta_\Lambda(t)$.

Für die gegenwärtige Epoche t_0 schreiben wir

3.19 $\delta_{c,0} = \dfrac{3 \cdot H_0^2}{8\pi G}$.

Wir berechnen die kritische Dichte bei t_0. Mit $H_0 = 100 \cdot h$ km$\cdot$s$^{-1}\cdot$Mpc^{-1} und $G = 6{,}67428 \cdot 10^{-11}$ m$^3 \cdot$kg$^{-1}\cdot$s^{-2} (siehe Anhang A) folgt

3.20 $\delta_{c,0} \approx 1{,}88 \cdot 10^{-26} \cdot h^2$ kg$\cdot$m^{-3}

und nach Auflösung von h mit h=0,71

3.21 $\delta_{c,0} \approx 9{,}5 \cdot 10^{-27} \approx 10^{-26}$ kg$\cdot$m^{-3}.

3.5 Die Dichteparameter

Die Definition des Dichteparameters haben wir bereits im Kapitel 1 kennengelernt. Während wir dort ausschließlich die gegenwärtige Epoche betrachtet haben, fassen wir die Definition nun etwas weiter und definieren die Dichteparameter in Abhängigkeit von der kosmischen Zeit für jede kosmische Epoche t. Es handelt sich dabei um eine rein definitorische Angelegenheit, die im Weiteren aber gute Dienste leistet.

Wir erinnern uns zunächst an die im letzten Abschnitt eingeführte kritische Dichte $\delta_c(t)$ mit

3.22 $\quad \delta_c(t) = \dfrac{3 \cdot H(t)^2}{8\pi G}$.

Wir definieren nun die Dichteparameter für die Strahlung, die Materie und die Dunkle Energieals Quotient zwischen Energiedichte und kritischer Dichte, in unserem Fall der Gesamtdichte und bezeichnen diese $\Omega_\Lambda(t)$ für die dunkle Energie. Es ist also

3.23 $\quad \Omega_r(t) = \dfrac{\delta_r(t)}{\delta_c(t)}$,

3.24 $\quad \Omega_m(t) = \dfrac{\delta_m(t)}{\delta_c(t)}$ und

3.25 $\quad \Omega_\Lambda(t) = \dfrac{\delta_\Lambda(t)}{\delta_c(t)}$.

Wie man leicht sieht, gilt schließlich

3.26 $\quad \Omega_r(t) + \Omega_m(t) + \Omega_\Lambda(t) = 1$.

Für die gegenwärtige Epoche t_0 benutzen wir die Abkürzungen

3.27 $\quad \Omega_{r,0} = \Omega_r(t_0)$, $\Omega_{m,0} = \Omega_m(t_0)$ und $\Omega_{\Lambda,0} = \Omega_\Lambda(t_0)$.

Wir berechnen die Dichteparameter $\Omega_{m,0}$ und $\Omega_{r,0}$. Die dafür benötige Materiedichte $\delta_m(t)$ der baryonischen und dunklen Materie und Strahlungsdichte $\delta_r(t)$ haben wir bereit im Kapitel 1 verwendet. Über die Höhe der Werte ist man sich ziemlich sicher[14]. Es ist

3.28 $\quad \delta_{m,0} \approx 2{,}5 \cdot 10^{-27} \, kg \cdot m^{-3}$

und

3.29 $\delta_{r,0} \approx 7{,}96 \cdot 10^{-31}$ kg·m^{-3}.

Mit dem Wert für die kritische Dichte gemäß 3.20

3.30 $\delta_{c,0} \approx 1{,}88 \cdot 10^{-26} \cdot h^{-2}$ kg·m^{-3}

folgt

3.31 $\Omega_{m,0} = \dfrac{\delta_{m,0}}{\delta_{c,0}} \approx 0{,}133 \cdot h^{-2}$

und nach der Auflösung von h mit h=0,71

3.32 $\Omega_{m,0} \approx 0{,}27$.

Der Anteil der Materiedichte an der kritischen Dichte beträgt also etwa 27 %. Daran sind die Dunkle Materie mit etwa 22 % und die „normale" baryonische Materie mit etwa 5 % beteiligt. Von der dunklen Materie ist, wie wir wissen, noch nicht bekannt, wie sie sich zusammensetzt. Damit bestehen gut 80 % der insgesamt im Universum vorhandenen Materie aus einem unbekannten „Stoff".

Für den Dichteparameter der Strahlungsenergie folgt aus 3.29 und 3.30

3.33 $\Omega_{r,0} = \dfrac{\delta_{r,0}}{\delta_{c,0}} \approx 4{,}2 \cdot 10^{-5} \cdot h^{-2}$

und nach Auflösung von h

3.34 $\Omega_{r,0} \approx 8{,}3 \cdot 10^{-5}$.

Im Ergebnis ist in unserer Epoche die Strahlungsdichte im Vergleich zur Materiedichte vernachlässigbar. Dass das nicht immer so war, werden wir noch sehen.

Wir berechnen nun noch den Dichteparameter der dunklen Energie für ein flaches Universum und anschließend den Wert der kosmologischen Konstante Λ. Aus 3.26

$$\Omega_r(t) + \Omega_m(t) + \Omega_\Lambda(t) = 1$$

3.26

folgt

3.35 $\quad \Omega_{\Lambda,0} = 1 - \Omega_{r,0} - \Omega_{m,0}$

und dann mit 3.31 und 3.33

3.36 $\quad \Omega_{\Lambda,0} = 1 - 4{,}2 \cdot 10^{-5} \cdot h^{-2} - 0{,}133 \cdot h^{-2}$

und nach Auflösung von h mit h=0,71

3.37 $\quad \Omega_{\Lambda,0} \approx 0{,}73$.

Wir berechnen nun noch den Wert der kosmologischen Konstanten. Per definitionem ist

$$\Omega_\Lambda(t) = \frac{\delta_\Lambda}{\delta_c(t)}.$$

Mit

$$\delta_\Lambda(t) = \frac{\Lambda}{8\pi G}$$

und

$$\delta_c(t) = \frac{3 \cdot H(t)^2}{8\pi G}$$

ist

3.38 $\quad \Lambda = 3 \cdot \Omega_\Lambda(t) \cdot H(t)^2$.

Da Λ als konstant angenommen wird, gilt

3.39 $\quad \Lambda = 3 \cdot \Omega_{\Lambda,0} \cdot H_0^2$.

Wir bestimmen zunächst die Dimension der Konstanten. Aus 3.39 folgt

$$[\Lambda] = [H^2] = \left[\frac{km^2}{s^2 \cdot Mpc^2}\right].$$

Für den Wert der Konstanten erhalten wir mit $\Omega_{\Lambda,0} = 0{,}73$ und

$$H_0 = h \cdot 100 \cdot km \cdot s^{-1} \cdot Mpc^{-1}$$

$$\Lambda = 3 \cdot \Omega_{\Lambda,0} \cdot H_0^2 = 3 \cdot 0{,}73 \cdot h^2 \cdot 10^4 \approx 10^4 \frac{km^2}{s^2 \cdot Mpc^2}.$$

Rechnet man die Megaparsec noch in km um (siehe Anhang B), so erhält man

3.40 $\quad \Lambda \approx 10^{-35} s^{-2}$.

3.6 Energiedichte und Skalenparameter

Im vorliegenden Abschnitt leiten wir den Zusammenhang zwischen der Energiedichte $\delta(t)$ und dem kosmischen Skalenparameter $a(t)$ her. Wir wissen bereits, dass die Energiedichte mit der Expansion des Universums, also mit der Zeit, abnimmt. Der Zusammenhang zwischen der Dichte und dem Skalenwert liefert deshalb letztlich auch die Abhängigkeit des Skalenparameters von der Zeit. Diese Abhängigkeit werden wir allerdings erst später kennenlernen. Der Zusammenhang zwischen der Dichte und dem Skalenparameter wird vom Zustand des Universums bestimmt. Dabei wird zwischen drei Zuständen differenziert, zwischen dem strahlungsdominierten, dem materiedominierten und dem Λ-dominierten. Unter dem Λ-dominierten Zustand verstehen wir den durch die Dunkle Energiedominierten. Das Universum, genauer der Zustand des Universums, heißt auch strahlungsdominiert, wenn die Strahlung über die anderen Energie- und Materieformen dominiert, materiedominiert, wenn die Materie dominiert und Λ-dominiert, wenn die Dunkle Energie dominiert.

Die Zustände werden durch die sogenannten Zustandsgleichungen beschrieben, die wir im nächsten Abschnitt kennenlernen. Diese bringen den Druck, der im expandierenden System herrscht, in die Abhängigkeit von der Energiedichte. Bevor wir diesen Zusammenhang im nächsten Abschnitt ableiten, wird im vorliegenden die Abhängigkeit zwischen der Energiedichte und dem kosmischen Skalenparameter allgemein, das heißt für alle Zustände, dargestellt. Wir gehen aus von der Strömungsgleichung

$$3.41 \quad \delta'(t) + 3 \cdot \frac{a'(t)}{a(t)} \cdot \left(\delta(t) + \frac{p(t)}{c^2} \right) = 0 \,.$$

Wir formen um und erhalten

$$3.42 \quad \frac{\delta'(t)}{\delta(t) + \frac{p(t)}{c^2}} = -3 \cdot \frac{a'(t)}{a(t)} \,.$$

Man weiß, dass der Druck sich proportional zur Energiedichte verhält[11]. Wir bezeichnen den Proportionalitätsfaktor mit α und erhalten

$$3.43 \quad p(t) = \alpha \cdot c^2 \cdot \delta(t) \,.$$

Mit diesem Ansatz gehen wir in die Relation 3.42 und bekommen

$$3.44 \quad \frac{\delta'(t)}{\delta(t)} = -3 \cdot (1 + \alpha) \cdot \frac{a'(t)}{a(t)} \,.$$

Eine Lösung dieser Gleichung finden wir durch Integration über t

$$3.45 \quad \int \frac{\delta'(t)}{\delta(t)} \cdot dt = -3 \cdot (1 + \alpha) \cdot \int \frac{a'(t)}{a(t)} \cdot dt \,.$$

Im Ergebnis gilt der folgende allgemeine Zusammenhang zwischen der Energiedichte und dem Skalenparameter

$$3.46 \quad \delta(t) \approx a(t)^{-3 \cdot (1 + \alpha)} \,.$$

Die Aufgabe, mit der wir uns im folgenden Abschnitt beschäftigen, besteht nun darin, die Konstante α für die verschiedenen Zustände des Universums zu bestimmen. Als Ergebnis erhalten wir dann die sogenannten Zustandsgleichungen.

3.7 Die Zustandsgleichungen

Der im System des expandierenden Universums herrschende Druck beeinflusst die Dynamik der Expansion in Abhängigkeit vom Zustand des Systems. Der Zustand wird durch die sogenannten Zustandsgleichungen beschrieben. Im Prinzip bestimmen sie die Proportionalitätskonstante α aus dem letzten Abschnitt mit

3.47 $\quad p(t) = \alpha \cdot c^2 \cdot \delta(t)$

bzw.

3.48 $\quad \dfrac{p(t)}{c^2} = \alpha \cdot \delta(t)$.

Für die Herleitung der Zustandsgleichungen für ein aus Strahlung bzw. aus Materie bestehendes Universum stützen wir uns auf die ideale Gasgleichung und den Gleichverteilungssatz (siehe Anhang A). Die Berechtigung für die Anwendung dieser physikalischen Gesetzmäßigkeiten leitet sich aus der Tatsache ab, dass das Universum in der Frühphase aus einem Gas relativistischer Teilchen bestand[3]. Dieses Modell lässt sich aber auch, wie bereits bei der Herleitung der Strömungsgleichung, auf ein vorrangig aus Materie bestehendes Universum anwenden. In diesem Fall werden die Galaxien durch die Gasmoleküle modelliert[3]. Wir gehen nun die einzelnen Zustände der Reihe nach durch.

Strahlungsdominierter Zustand

Wir benutzten die ideale Gasgleichung (siehe Anhang A)

3.49 $\quad p \cdot V = n \cdot k_B \cdot T$

mit dem im System herrschenden Druck p, dem Volumen V, der Anzahl n der Gasmoleküle im Volumen, der Temperatur T und der Boltzmann-Konstanten k_B und den Gleichverteilungssatz (siehe Anhang A)

3.50 $\quad \frac{1}{2} \cdot m \cdot v^2 = \frac{3}{2} \cdot k_B \cdot T$,

wobei m die durchschnittliche Masse eines Teilchens und v die mittlere Geschwindigkeit der Teilchen ist. Aus beiden Gleichungen folgt

3.51 $\quad \frac{p}{c^2} = \frac{1}{3} \cdot \delta \cdot \left(\frac{v}{c}\right)^2$.

Wir betrachten nun ein von elektromagnetischer Strahlung oder allgemeiner, ein von relativistischen Teilchen ausgefülltes Universum. In diesem wird aus 3.51 mit v = c

$$\frac{p}{c^2} = \frac{1}{3} \cdot \delta.$$

Damit lautet die Zustandsgleichung für Strahlung

3.52 $\quad p = \frac{1}{3} \cdot \delta \cdot c^2$.

Es ist also $\alpha = \frac{1}{3}$ und damit

3.53 $\quad \delta_r(t) \approx a(t)^{-3 \cdot (1+\alpha)} = a(t)^{-4}$.

Daraus ergibt sich unmittelbar

3.54 $\quad \delta_r(t) = \delta_{r,0} \cdot \frac{1}{a(t)^4}$.

Materiedominierter Zustand

Wir betrachten den materiedominierten Zustand. Die Gasmoleküle repräsentieren nun die Galaxien. Die lokale Geschwindigkeit von Galaxien liegt in der Größenordnung von ca. $600 \text{ km} \cdot \text{s}^{-1}$ (siehe zum Beispiel bei Goeke[4]), sodass

$$\frac{p}{c^2} = \frac{1}{3} \cdot \delta \cdot \left(\frac{v}{c}\right)^2 \approx 10^{-6} \cdot \delta$$

gilt. $p \cdot c^{-2}$ ist damit gegenüber der Materiedichte vernachlässigbar. Die Materie verursacht keinen Druck im System. α ist gleich null und die Zustandsgleichung für Materie lautet

3.55 $p=0$

Aus der Relation $\delta(t) \approx a(t)^{-3(1+\alpha)}$ folgt mit $\alpha = 0$

3.56 $\delta_m(t) \approx a(t)^{-3(1+\alpha)} = a(t)^{-3}$

und schließlich

3.57 $\delta_m(t) = \delta_{m,0} \cdot \dfrac{1}{a(t)^3}$.

Hinweis:

Diese Relation haben wir bereits intuitiv bei der Herleitung der Friedmann-Gleichung verwendet. Bei einem ausschließlich aus Materie bestehenden Universum ist sie trivial, bei anderen Energieformen, wie wir gesehen haben und im Folgenden noch sehen werden, keineswegs. Wir klären nun noch die Situation in einem von der Dunklen Energie beherrschten Universum.

Λ - dominierter (von der Dunklen Energie dominierter) Zustand

Für die Herleitung der Zustandsgleichung für die Dunkle Energie verwenden wir die Friedmann-Gleichung und die Beschleunigungsgleichung mit

3.58 $a'(t) = a''(t) = 0$.

Die Forderung ergibt sich aus der ursprünglichen Intension Einsteins, der ein statisches Universum postuliert hat. Aus der Friedmann-Gleichung

3.59 $\left(\dfrac{a'(t)}{a(t)}\right)^2 = \dfrac{8\pi G}{3} \cdot \delta(t) + \dfrac{\Lambda}{3}$

wird mit $a'(t) = 0$

3.60 $\delta(t) = -\dfrac{\Lambda}{8\pi G}$.

Aus der Beschleunigungsgleichung

3.61 $\dfrac{a''(t)}{a(t)} = -\dfrac{4\pi G}{3} \cdot \left(\delta(t) + \dfrac{3 \cdot p(t)}{c^2}\right) + \dfrac{\Lambda}{3}$

folgt mit $a''(t) = 0$

$0 = -\dfrac{4\pi G}{3} \cdot \left(\delta(t) + \dfrac{3 \cdot p(t)}{c^2}\right) + \dfrac{\Lambda}{3}$.

Wir formen um und erhalten

3.62 $\dfrac{1}{2} \cdot \left(\delta(t) + \dfrac{3p(t)}{c^2}\right) = \dfrac{\Lambda}{8\pi G}$.

Geht man nun mit 3.60 in die Gleichung 3.62, so folgt

3.63 $p(t) = -c^2 \cdot \delta(t)$.

Damit ist $\alpha = -1$ und

3.64 $\delta_\Lambda(t) \approx a(t)^{-3(1+\alpha)} = 1$.

Die Dichte der Dunklen Energie ist also konstant. Wir haben bereits früher schon festgestellt, dass eine konstante Energiedichte einen negativen Druck erzeugt und damit eine abstoßende Gravitation. Genau das wollte Einstein auch erreichen, eine abstoßende Kraft, die das Universum daran hindert, zu kollabieren.

3.8 Die Friedmann-Gleichung mit Dichteparametern

In diesem Abschnitt gehen wir mit den Dichteparametern in die Friedmann-Gleichung. Dadurch erhalten wir eine sehr übersichtliche Form der Gleichung, die bei den noch folgenden Diskussionen wertvolle Hilfe leistet. In einem zweiten Schritt nutzen wir die Abhängigkeit der Dichten von den aktuellen Werten, wie wir sie unter 3.7 aus den Zustandsgleichungen abgeleitet haben. Damit führen wir die Friedmann-Gleichung auf zumindest grundsätzlich messbare Größen zurück. Wir gehen zunächst mit

3.65 $\quad \Omega(t) = \Omega_r(t) + \Omega_m(t) + \Omega_\Lambda(t)$

in die Friedmann-Gleichung

3.66 $\quad H(t)^2 = \dfrac{8\pi G}{3}\delta(t) + \dfrac{\Lambda}{3}$.

Es folgt

$$H(t)^2 = \dfrac{8\pi G}{3} \cdot \left(\delta(t) + \dfrac{\Lambda}{8\pi G}\right)$$

$$= \dfrac{8\pi G}{3} \cdot \left(\delta_r(t) + \delta_m(t) + \delta_\Lambda(t)\right)$$

$$= \dfrac{8\pi G}{3} \cdot \Omega(t) \cdot \delta_c(t) = \Omega(t) \cdot H(t)^2$$

und nach Division durch $H(t)^2$

3.67 $\quad \Omega(t) - 1 = 0$.

Nach Ausformulierung des Dichteparameters ist schließlich

3.68 $\quad \Omega_r(t) + \Omega_m(t) + \Omega_\Lambda(t) = 1$.

Wir werden nun die von der Zeit abhängigen Dichteparameter auf die der gegenwärtigen Epoche zurückführen. Das hat den Vorteil, dass beobachtbare Größen – zumindest grundsätzlich beobachtbare – in die Gleichung einfließen. Zunächst erinnern wir an die Abhängigkeit zwischen Dichte und Skalenparameter für die unterschiedlichen Zustände des Universums. Es ist

3.69 $\quad \delta_r(t) = \dfrac{\delta_{r,0}}{a(t)^4}, \; \delta_m(t) = \dfrac{\delta_{m,0}}{a(t)^3}$ und $\delta_\Lambda(t) = \delta_{\Lambda,0}$.

Damit gehen wir nun in die Friedmann-Gleichung. Es folgt

$$H(t)^2 = \frac{8\pi G}{3} \cdot (\delta_r(t) + \delta_m(t) + \delta_\Lambda(t))$$

$$= \frac{8\pi G}{3} \cdot (\delta_{r,0} \cdot a(t)^{-4} + \delta_{m,0} \cdot a(t)^{-3} + \delta_{k,0} \cdot a(t)^{-2} + \delta_{\Lambda,0})$$

und unter Ausnutzung der Dichteparameter

$$\Omega_{r,0} = \frac{\delta_{r,0}}{\delta_{c,0}}, \; \Omega_{m,0} = \frac{\delta_{m,0}}{\delta_{c,0}}, \; \Omega_{\Lambda,0} = \frac{\delta_{\Lambda,0}}{\delta_{c,0}}$$

und der kritischen Dichte

$$\delta_{c,0} = \frac{3 \cdot H_0^2}{8\pi G}$$

3.70 $\quad H(t)^2 = H_0^2 \cdot \left(\Omega_{r,0} \cdot a(t)^{-4} + \Omega_{m,0} \cdot a(t)^{-3} + \Omega_{\Lambda,0} \right)$

Wir können 3.70 auch in unmittelbarer Abhängigkeit vom Skalenparameter a formulieren. Es ist dann

3.71 $\quad H(a)^2 = H_0^2 \cdot \left(\Omega_{r,0} \cdot a^{-4} + \Omega_{m,0} \cdot a^{-3} + \Omega_{\Lambda,0} \right)$.

Aus 3.71 wird für ein materie- und Λ-dominiertes Universum, in dem $\Omega_{r,0}$ wegen $\Omega_{r,0} \ll \Omega_{m,0} + \Omega_{\Lambda,0}$ vernachlässigt werden kann

3.72 $\quad \Omega_{m,0} + \Omega_{\Lambda,0} \approx 1$

wird und damit

3.73 $\quad H(a)^2 \approx H_0^2 \cdot \left(\Omega_{m,0} \cdot a^{-3} + 1 - \Omega_{m,0} \right) = H_0^2 \cdot \left(\Omega_{m,0} \cdot a^{-3} + \Omega_{\Lambda,0} \right)$.

3.9 Die Rotverschiebung

Die Spektren entfernter Galaxien zeigen in der Regel in den roten, langwelligen Bereich verschobene Spektrallinien. Erstmals wurde diese sogenannte Rotverschiebung von Edwin Hubble Ende der 1920er Jahre beobachtet. Dem Doppler-Gesetz (siehe Anhang A) folgend hat er diese Beobachtung als Fluchtbewegung der Galaxien interpretiert und daraus das später nach ihm benannte Hubble-Gesetz abgeleitet, das zwischen der vermeintlichen Fluchtgeschwindigkeit und der Entfernung der Galaxie eine lineare Abhängigkeit beschreibt. In diesem Abschnitt wird nun ein Zusammenhang zwischen der Rotverschiebung und dem Skalenparameter hergeleitet. Dieser fundamentale Zusammenhang verbindet die beobachtende Kosmologie mit der theoretischen. Die Rotverschiebung lässt sich ziemlich exakt beobachten. Der Skalenparameter hingegen beschreibt den Verlauf der Expansion und stützt sich dabei auf das theoretische Modell, mit dem das expandierende Universum modelliert wird.

Für die Herleitung benötigt man die Metrik des expandierenden euklidischen Raumes, mit dem das Universum modelliert wird. Wir ersparen und die Herleitung und zitieren das Ergebnis (siehe aber beispielsweise bei Goeke[4]). Das bemerkenswerte Ergenis besteht darin, dass sich der Skalenwert und die Wellenlänge des Lichts proportional zueinander verhalten. Es gilt also

3.74 $\quad \lambda(t) \approx a(t)$.

Das heißt, die Wellenlänge des Lichts „expandiert" mit dem Universum. Das bedeutet nichts anderes als eine Abnahme der Photonenenergie auf dem Weg der Photonen vom Urknall in spätere, insbesondere in unsere gegenwärtige Epoche. Die Rotverschiebung ist definiert als die „Verschiebung" der Wellenlänge eines elektromagnetischen Signals, das von einem sich vom Beobachter entfernenden bzw. auf ihn zukommenden Objekt emittiert wird. Wir kennen dieses Phänomen als Dopplereffekt bei Schallwellen, beispielsweise bei einer auf uns zukommenden und sich dann entfernenden Polizeisirene. Auf uns zukommend wird die Sirene schriller, die Wellenlänge wird kürzer. Sich von uns weg bewegend wird die Sirene leiser, die Wellenlänge wird größer. Die „Wellenverschiebung" wird definiert durch die relative Verschiebung zwischen der detektierten und der emittierten Wellenlänge:

3.75 $\quad z = \dfrac{\lambda(t_0) - \lambda(t)}{\lambda(t)}$.

Hinweis:

Bei elektromagnetischen Wellen ist der langwelligere Bereich der Lichtwellen der rote Bereich. Daher kommt die Bezeichnung Rotverschiebung.

Aus 3.74 und 3.75 folgt nun für den Zusammenhang zwischen der Rotverschiebung z und der Skalenfunktion a

3.76 $\quad z = \dfrac{\lambda(t_0) - \lambda(t)}{\lambda(t)} = \dfrac{\lambda(t_0)}{\lambda(t)} - 1 = \dfrac{a(t_0)}{a(t)} - 1 = \dfrac{1}{a(t)} - 1$

und dann

3.77 $\quad a = \dfrac{1}{1+z}$.

Mit 3.77 lautet die Friedmann-Gleichung in Abhängigkeit von z

3.78 $\quad H(z) = H_0 \cdot \sqrt{\Omega_{m,0} \cdot (1+z)^3 + \Omega_{\Lambda,0}}$.

3.10 Das Referenzmodell

Die Physik benutzt Modelle, das heißt Bilder, um der physikalischen Realität möglichst nahe zu kommen. Dieser Ansatz basiert auf der Erkenntnis, dass die Dinge nicht notwendig so sind, wie sie unsere Gehirne uns „vorgaukeln". Die moderne Physik hat für diese Einsicht eine Menge von Beispielen parat. Dazu zählen nicht zuletzt die Erkenntnisse der Relativitätstheorie, die mit unserer Alltagserfahrung und einem auf dieser basierenden naiven Realitätsverständnis nicht zu vereinbaren ist, ganz zu schweigen von den Ergebnissen der Quantenphysik. In diesem Sinne ist auch das, was wir von unserem Universum zu wissen glauben, nur ein Modell. Wie wir bereits wissen, beruht dieses Modell, das das Universum als Ganzes modelliert, auf den Feldgleichungen der Relativitätstheorie Einsteins. Die kosmologischen Gleichungen, die wir im Kapitel 2 kennengelernt haben, sind Lösungen dieser Feldgleichungen unter der Annahme eines homogenen und isotropen Universums. Das Modell erlaubt es, mit mathematischen Mitteln Vorhersagen zu treffen. Wir gehen davon aus, dass das Modell der Realität nahe kommt, wenn es einerseits in der Lage ist, beobachtete Sachverhalte zu erklären und andererseits Vorhersagen des Modells durch Beobachtungen verifiziert werden können. Die in der Friedmann-Gleichung noch freien Parameter wie die Strahlungsdichte, die Materiedichte, die Krümmung und der Wert der kosmologische Konstante werden durch Beobachtungen ermittelt bzw. geschätzt oder auch durch theoretische Überlegungen in ihrem Wertebereich eingeschränkt. Daraus ergeben sich dann konkrete Weltmodelle. Das gegenwärtig die Situation wohl am besten modellierende ist das Standardmodell, das auch als Referenzmodell bezeichnet wird.

Wir definieren das Referenzmodell noch einmal zusammenfassend.

Referenzmodell

Das Referenzmodell ist in dem Sinne ein Friedmann-Modell, dass es der Friedmann-Gleichung folgt:

3.79 $\quad H(t)^2 = H_0^2 \cdot \left(\Omega_{r,0} \cdot a(t)^{-4} + \Omega_{m,0} \cdot a(t)^{-3} + \Omega_{\Lambda,0} \right)$

Es beschreibt ein räumlich flaches Universum mit einer positiven kosmologischen Konstanten Λ.

3.80 definiert zunächst eine Klasse von Modellen, solange die Parameter $\Omega_{r,0}$, $\Omega_{m,0}$ und $\Omega_{\Lambda,0}$ nicht festgelegt sind. Das konkrete Modell, das mit den Beobachtungen konsistent ist, hat nach WMAP (siehe zum Beispiel bei Schneider[15]) die Parameter

3.80 $\quad \Omega_{r,0} \approx 4{,}2 \cdot 10^{-5} \cdot h^{-2}$, $\Omega_{m,0} \approx 0{,}27$ und $\Omega_{\Lambda,0} \approx 0{,}73$.

Die Hubble-Konstante hat den Wert $H_0 = 100 \cdot h = 71 \left[\dfrac{km}{s \cdot Mpc}\right]$. h hat damit den Wert $h = 0{,}71$ (zu den Fehlertoleranzen siehe zum Beispiel bei Schneider[15]).

Wir gehen nun in die Friedmann-Gleichung mit dem Ziel, die kosmische Skalenfunktion für das Referenzmodell zu bestimmen. Es ist

3.81 $\quad H(a)^2 = H_0^2 \cdot \left(\Omega_{r,0} \cdot a^{-4} + \Omega_{m,0} \cdot a^{-3} + \Omega_{\Lambda,0}\right)$.

Nach Multiplikation mit $a(t)^2$ folgt

$$a' = H_0 \cdot a \cdot \left(\Omega_{r,0} \cdot a^{-4} + \Omega_{m,0} \cdot a^{-3} + \Omega_{\Lambda,0}\right)^{\frac{1}{2}}$$

und damit

3.82 $\quad dt = \dfrac{da}{H_0 \cdot a \cdot \sqrt{\Omega_{r,0} \cdot a^{-4} + \Omega_{m,0} \cdot a^{-3} + \Omega_{\Lambda,0}}}$.

Das Integral von 3.83 führt zu

3.83 $\quad t = \int_0^t dt = \dfrac{1}{H_0} \cdot \int_0^a \dfrac{da}{a \cdot \sqrt{\Omega_{r,0} \cdot a^{-4} + \Omega_{m,0} \cdot a^{-3} + \Omega_{\Lambda,0}}}$.

Wir treffen an dieser Stelle eine Fallunterscheidung und differenzieren zwischen Strahlungsdominanz einerseits und Materie- und Λ-Dominanz andererseits.

Strahlungsdominanz: $\Omega_r(t) > \Omega_m(t) + \Omega_\Lambda(t)$

Aus 3.84 wird näherungsweise

3.84 $\quad t = \int_0^t dt \approx \dfrac{1}{H_0} \cdot \int_0^a \dfrac{da}{a \cdot \sqrt{\Omega_{r,0} \cdot a^{-4}}}$.

Die Integration liefert

3.85 $\quad t = \dfrac{1}{2 \cdot H_0 \cdot \sqrt{\Omega_{r,0}}} \cdot a^2$

und damit

3.86 $\quad a(t) = \left(2 \cdot H_0 \cdot \sqrt{\Omega_{r,0}} \cdot t\right)^{\frac{1}{2}}$.

Materie- und Λ-Dominanz: $\Omega_r(t) < \Omega_m(t) + \Omega_\Lambda(t)$

Das Integral lässt sich mit einigen mathematischen Tricks[13] analytisch lösen und liefert

3.87 $\quad t = \dfrac{2}{3 \cdot H_0 \cdot \sqrt{\Omega_{\Lambda,0}}} \operatorname{arcsin} h\left(\sqrt{\dfrac{\Omega_{\Lambda,0}}{\Omega_{m,0}}} \cdot a^{\frac{3}{2}}\right)$.

Die Funktion des Skalenparameters a(t) erhält man daraus mit einigen einfachen Rechenschritten. Es ist

3.88 $\quad a(t) = \left(\dfrac{\Omega_{m,0}}{\Omega_{\Lambda,0}}\right)^{\frac{1}{3}} \cdot \sinh^{\frac{2}{3}}\left(\dfrac{3}{2} \cdot H_0 \cdot \sqrt{\Omega_{\Lambda,0}} \cdot t\right)$.

Diese Relation ist nicht sehr handlich, aber das hilft nichts. Wir vereinfachen die Situation dadurch, dass wir die kosmische Zeit in Einheiten der Hubble-Time darstellen. Mit

$$3.89 \quad \sigma = \frac{t}{H_0^{-1}} = t \cdot H_0$$

ist

$$3.90 \quad a(\sigma) = \left(\frac{\Omega_{m,0}}{\Omega_{\Lambda,0}}\right)^{\frac{1}{3}} \cdot \sinh^{\frac{2}{3}}\left(\frac{3}{2} \cdot \sqrt{\Omega_{\Lambda,0}} \cdot \sigma\right).$$

In der Abbildung 3.1 zeigen wir den Verlauf der Skalenfunktion für $t \in [0; 2 \cdot t_0]$. Im ersten Abschnitt bis etwa 7 Milliarden Jahre nach dem Urknall zeigt die Funktion eine abnehmende Steigung. Das bedeutet, dass bis etwa 7 Milliarden nach dem Urknall das Universum gebremst, also mit abnehmender Geschwindigkeit expandierte. Von dieser Epoche an nahm die Geschwindigkeit der Expansion zu. Zurückgeführt wird dieses Verhalten auf die dunkle Energie[1,3]. Mit diesem Thema werden wir uns im kommenden Abschnitt auseinandersetzen.

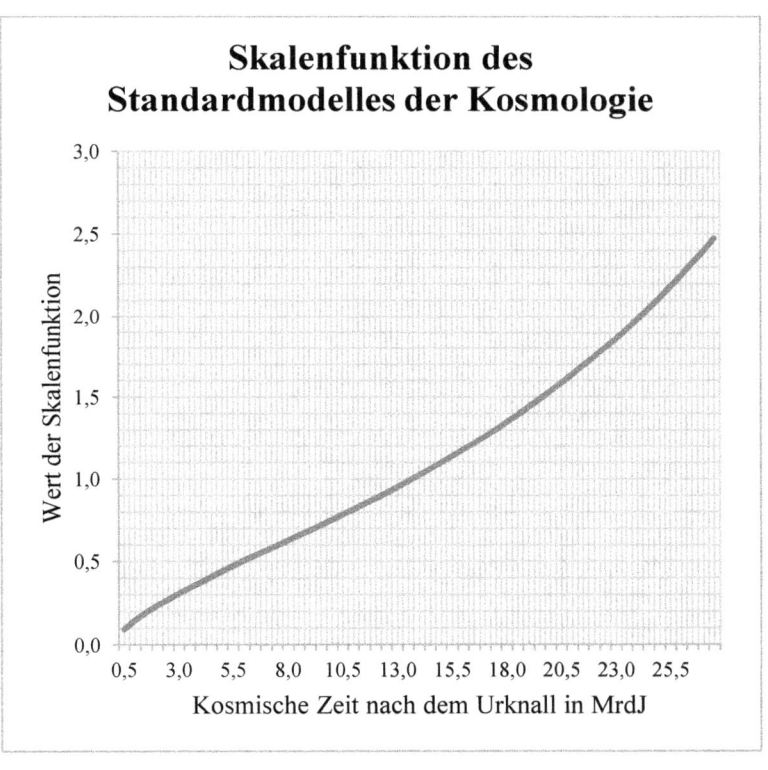

Abbildung 3.1: Die Skalenfunktion des Standardmodells der Kosmologie

4 Das Alter des Unversums

Die beiden sicher spannendsten Fragen, die man sich im Zusammenhang mit unserem Universum stellen kann, sind die nach seinem Alter und die nach seiner Größe. Während sich das Alter der Welt unmittelbar aus den Gleichungen des Modells ergibt, sind für die Beantwortung der Frage nach seiner Größe ein paar weitere Überlegungen notwenig, die insbesondere auch die Definition der Entfernung im expandierenden Universum umfassen. Damit werden wir uns im nächsten Kapitel auseinandersetzen. Im vorliegenden Kapitel beschäftigen wir uns ausschließlich mit dem Alter der Welt.

Wir gehen aus von der Friedmann-Gleichung

4.1 $\quad H(t) = H_0 \cdot \sqrt{\Omega_{r,0} \cdot a(t)^{-4} + \Omega_{m,0} \cdot a(t)^{-3} + \Omega_{\Lambda,0}}$.

Wir vernachlässigen den Strahlungsterm (siehe unten) und benutzen im folgenden Zusammenhang

4.2 $\quad H(t) = H_0 \cdot \sqrt{\Omega_{m,0} \cdot a(t)^{-3} + \Omega_{\Lambda,0}}$.

Es folgt

4.3 $\quad \dfrac{da}{dt} = H_0 \cdot a(t) \cdot \sqrt{\Omega_{m,0} \cdot a(t)^{-3} + \Omega_{\Lambda,0}}$

und dann

4.4 $\quad dt = H_0^{-1} \dfrac{da}{a(t) \cdot \sqrt{\Omega_{m,0} \cdot a(t)^{-3} + \Omega_{\Lambda,0}}}$.

Das Integral liefert

4.5 $\quad t_0 = H_0^{-1} \cdot \displaystyle\int_0^{a_0} \dfrac{da}{a \cdot \sqrt{\Omega_{m,0} \cdot a^{-3} + \Omega_{\Lambda,0}}}$.

In Einheiten der Hubble-Time ist

4.6 $\quad \sigma_0 = \int_0^{a_0} \dfrac{da}{a \cdot \sqrt{\Omega_{m,0} \cdot a^{-3} + \Omega_{\Lambda,0}}}$.

Mit den Parametern des Referenzmodells erhält man

4.7 $\quad \sigma_0 \approx 0{,}993$

und damit

4.8 $\quad t_0 = \sigma_0 \cdot t_{H_0} \approx 13{,}7$.

Hinweis: Wenn wir den Strahlungsterm $\Omega_{r,0} \cdot a^{-4}$ mit $\Omega_{r,0} \approx 8{,}3 \cdot 10^{-5}$ bercksichtigen, so ergibt sich $\sigma_0 \approx 0{,}992$. Wir haben also durch die Vereinfachung keinen großen Fehler gemacht.

Wir formulieren nun diese Relation noch in Abhängigkeit von der Rotverschiebung z.

Mit

$a = \dfrac{1}{1+z}$

folgt

$\dfrac{da}{dz} = -\dfrac{1}{(1+z)^2}$ und dann

4.9 $\quad \dfrac{da}{a} = -\dfrac{dz}{1+z}$.

Damit gehen wir in das Integral 4.5 mit den zu a korrespondierenden Werten für die Rotverschiebung, also mit $z = 0$ für die gegenwärtige Epoche und $z = \infty$ für den Beginn der Zeit. Es folgt

$$4.10 \quad t_0 = H_0^{-1} \cdot \int_0^\infty \frac{dz}{(1+z) \cdot \sqrt{\Omega_{m,0} \cdot (1+z)^3 + \Omega_{\Lambda,0}}}.$$

In Einheiten der Hubble-Time ist

$$4.11 \quad \sigma_0 = \int_0^\infty \frac{dz}{(1+z) \cdot \sqrt{\Omega_{m,0} \cdot (1+z)^3 + \Omega_{\Lambda,0}}}.$$

Wir stellen uns abschließend die Frage, wie alt das Universum bei einer gegebenen Größe des Skalenparameters a bzw. bei einer beobachteten Rotverschiebung z war. Die Antwort ergibt sich in Analogie zu 4.5 und 4.6 bzw. 4.10 und 4.11 mit

$$4.12 \quad t(a) = H_0^{-1} \cdot \int_0^a \frac{da}{a \cdot \sqrt{\Omega_{m,0} \cdot a^{-3} + \Omega_{\Lambda,0}}}$$

und

$$4.13 \quad \sigma(a) = \int_0^a \frac{da}{a \cdot \sqrt{\Omega_{m,0} \cdot a^{-3} + \Omega_{\Lambda,0}}}$$

bzw.

$$4.14 \quad t(z) = H_0^{-1} \cdot \int_0^z \frac{dz}{(1+z) \cdot \sqrt{\Omega_{m,0} \cdot (1+z)^3 + \Omega_{\Lambda,0}}}$$

und

$$4.15 \quad \sigma(z) = \int_0^z \frac{dz}{(1+z) \cdot \sqrt{\Omega_{m,0} \cdot (1+z)^3 + \Omega_{\Lambda,0}}}.$$

5 Das ungebremste Universum

In diesem Kapitel beschäftigen wir uns mit dem eigentlichen Thema dieser Ausarbeitung, der Expansionsdynamik des Universums. Bereits am Ende des 3. Kapitels hatten wir im Zusammenhang mit der Besprechung der Skalenfunktion festgestellt, dass sich die Expansionsgeschwindigkeit mit der kosmischen Zeit verändert. Im vorliegenden Kapitel werden wird das Expansionsverhalten genauer analysieren. Noch vor nicht einmal hundert Jahren, als man sich gerade mit der Expansion angefreundet und Albert Einstein seine kosmologische Konstante als größte Eselei seines Lebens verworfen hatte, ging man von einer gebremsten Ausdehnung aus. Bei der Ausdehnung des Raumes sollte es sich also nicht um eine gleichförmige „Bewegung" handeln, sondern um eine, durch die Gravitation der Materie und Strahlung verursacht, zunehmend langsamer werdende, deren Geschwindigkeit schließlich, wenn auch nicht in endlicher Zeit, gegen null gehen sollte. Quasi eine gebremste Expansionsbewegung. Das war jedenfalls eine in der wissenschaftlichen Welt breit anerkannte Annahme. Im Jahre 1998 wurde dann bei der Beobachtung weit entfernter Supernovae festgestellt, dass die Expansionsdynamik eine völlig andere war, als man sie sich bis dahin vorgestellt hatte. Das Universum expandiert seit geraumer Zeit mit zunehmender Geschwindigkeit, das war die neue Erkenntnis aus dieser Beobachtung und einer der Meilensteine in der jüngeren kosmologischen Wissenschaftsgeschichte. Aus dieser Beobachtung resultierte das Standardmodell des Universums mit einer positiven kosmologischen Konstante, das Referenzmodell also, das wir im letzten Kapitel vorgestellt haben. Mithilfe dieses Modells zeigen wir nun das Expansionsverhalten des von ihm modellierten Universums.

5.1 Expansion und Zustand des Universums

Wen wir etwas über das Expansionsverhalten in Abhängigkeit von der Zusammensetzung des Universums machen wollen, ist die Friedmann-Gleichung augenscheinlich der richtige Einstieg. Sie sagt uns schließlich, wie sich die Expansionsrate mit der kosmischen Zeit verändert.

Und mit der kosmischen Zeit verändert sich die Zusammensetzung des Universums. Das sagen uns die Zustandsgleichungen, die wir unter 3.7 hergeleitet haben. Wir benutzen die vom Skalenparameter abhängige Friedmann-Gleichung. Es ist

5.1 $\quad H(a)^2 = H_0^2 \cdot \left(\Omega_{r,0} \cdot a^{-4} + \Omega_{m,0} \cdot a^{-3} + \Omega_{\Lambda,0}\right).$

Man sieht, dass die einzelnen Terme innerhalb der Klammer in Abhängigkeit von a unterschiedlich hohe Beiträge zum Wert der Hubble-Funktion liefern. Sie bestimmen somit mehr oder minder stark die Höhe der Expansionsrate $H(a)$. Wir bezeichnen die Terme nacheinander als Strahlungsterm, Materieterm und kosmologischen Term. Wie man leicht sieht, dominiert für sehr kleine a der Strahlungsterm, dann, mit zunehmendem a der Materieterm und schließlich für große a der kosmologische Term. Man bezeichnet nun die Epochen in der Entwicklung des Universums, in denen der jeweilige Term dominiert, als strahlungs-, materie- oder vom kosmologischen Term dominiert, abgekürzt Λ-dominiert. Wir betrachten nun Epochen in der Entwicklung des Universums, in denen unterschiedliche Zustände dominant sind und leiten daraus das qualitative Expansionsverhalten ab. Wir beginnen mit dem strahlungsdominierten Zustand. Die Hubble-Funktion verhält sich dann qualitativ wie

5.2 $\quad H(a)^2 \approx a^{-4}.$

Daraus resultiert

5.3 $\quad a' \approx a^{-1}$

Für die von der kosmischen Zeit abhängige Lösung dieser Differentialgleichung gilt

5.4 $\quad a(t) \approx t^{\frac{1}{2}}.$

Dieses Verhalten entspricht der Skalenfunktion des Referenzuniversums im strahlungsdominierten Fall. Die Expansion verläuft damit im strahlungsdominierten Zustand des Universums gebremst. Die 2. Ableitung ist nämlich, wie man leicht sieht, negativ. Ein entsprechendes Ergebnis erhalten wir für den materiominierten Fall. Dann gilt nämlich

5.5 $\quad a' \approx a^{-\frac{1}{2}}$

und damit

5.6 $\quad a \approx t^{\frac{2}{3}}$.

Die Expansion verläuft auch in diesem Fall gebremst. Im Vergleich zum strahlungsdominierten Zustand ist die Abbremsung allerdings weniger stark. Das liegt daran, dass die Strahlung nach der allgemeinen Relativitätstheorie Gravitation generiert[6]. Im Zustand der Λ-Dominanz

5.7 $\quad a' \approx a$

mit der Lösung

5.8 $\quad a \approx e^t$

verläuft die Expansion exponentiell, das heißt, mit expontiell zunehmender Geschwindigkeit. Wir schätzen grob die Epochen, die von den unterschiedlichen Zuständen dominiert werden. Wir beginnen mit der Λ-Dominanz und verlangen

5.9 $\quad \Omega_{r,0}(t) \cdot a^{-4} + \Omega_{m,0} \cdot a^{-3} < \Omega_{\Lambda,0}$.

Wir vernachlässigen den Strahlungsterm und erhalten

5.10 $\quad \left(\dfrac{\Omega_{m,0}}{\Omega_{\Lambda,0}}\right)^{\frac{1}{3}} < a$.

5.10 gilt ab einem Skalenwert von ca. 0,72. Wir berechnen das Alter des Universums bei diesem Skalenwert aus

5.11 $\quad t(a) = H_0^{-1} \cdot \displaystyle\int_0^a \dfrac{da}{a \cdot \sqrt{\Omega_{m,0} \cdot a^{-3} + \Omega_{\Lambda,0}}}$.

Im Ergebnis ist

5.12 $t > 9{,}5\,\text{MrdJ}$.

Nicht ganz 10 MrdJ nach dem Urknall gewinnt der kosmologische Term die Oberhand über alle anderen Energiearten. Spätestens ab dieser Zeit erfolgt die Expansion, vorrangig von der Dunklen Energie getrieben, beschleunigt. Die folgende Grenzbetrachtung für die kosmische Zeiten zeigt das vom Modell vorhergesagte Expansionsverhalten des Universums in ferner Zukunft.

Aus der Skalenfunktion

5.13 $a(t) = \left(\dfrac{\Omega_{m,0}}{\Omega_{\Lambda,0}}\right)^{\frac{1}{3}} \cdot \sinh^{\frac{2}{3}}\left(\dfrac{3}{2} \cdot H_0 \cdot \sqrt{\Omega_{\Lambda,0}} \cdot t\right)$

folgt[1]

$$\lim_{t\to\infty} a(t) = \left(\dfrac{\Omega_{m,0}}{\Omega_{\Lambda,0}}\right)^{\frac{1}{3}} \cdot \lim_{t\to\infty}\sinh^{\frac{2}{3}}\left(\dfrac{3}{2} \cdot H_0 \cdot \sqrt{\Omega_{\Lambda,0}} \cdot t\right)$$

$$= \left(\dfrac{\Omega_{m,0}}{\Omega_{\Lambda,0}}\right)^{\frac{1}{3}} \cdot \left(\lim_{t\to\infty}\sinh\left(\dfrac{3}{2} \cdot H_0 \cdot \sqrt{\Omega_{\Lambda,0}} \cdot t\right)\right)^{\frac{2}{3}}$$

$$= \left(\dfrac{\Omega_{m,0}}{\Omega_{\Lambda,0}}\right)^{\frac{1}{3}} \cdot \left(\dfrac{1}{2} \cdot e^{\frac{3}{2} H_0 \cdot \sqrt{\Omega_{\Lambda,0}} \cdot t}\right)^{\frac{2}{3}} = \left(\dfrac{\Omega_{m,0}}{4 \cdot \Omega_{\Lambda,0}}\right)^{\frac{1}{3}} \cdot e^{H_0 \cdot \sqrt{\Omega_{\Lambda,0}} \cdot t}.$$

Die Expansion erfolgt demnach letztendlich exponentiell. Das heißt, das Universum fliegt quasi auseinander. Die Galaxien „verlieren sich aus den Augen". Es ist

5.14 $\lim\limits_{t\to\infty} a'(t) \approx \left(\dfrac{\Omega_{m,0}}{4 \cdot \Omega_{\Lambda,0}}\right)^{\frac{1}{3}} \cdot \lim\limits_{t\to\infty} e^{H_0 \cdot \sqrt{\Omega_{\Lambda,0}} \cdot t} = \infty$.

Am anderen Ende der kosmischen Zeit, also nahe dem Urknallereignis, war die Strahlung dominierend. Wir schätzen ab, wann sich Strahlung und Materie in etwa die Waage hielten. Dazu benutzen wir

5.15 $\quad \Omega_{r,0}(t) \cdot a^{-4} > \Omega_{m,0} \cdot a^{-3} + \Omega_{\Lambda,0}$

und vernachlässigen, ohne einen großen Fehler zu machen den kosmologischen Term, verlangen also

5.16 $\quad a < \dfrac{\Omega_{r,0}}{\Omega_{m,0}}$

a sollte damit und mit den Werten gemäß 3.80 in der Größenordnung von $3 \cdot 10^{-4}$ liegen. Das mit diesem Skalenwert korrespondierende Weltalter liegt bei etwa 50 Tausend Jahre nach dem Urknall. 50.000 Jahre nach dem Urknall begann demnach die Materie über die Strahlung zu dominieren.

5.2 Der Bremsparameter

Die Einführung des Bremsparameters ist eine rein definitorische Angelegenheit. Sie leistet aber gute Dienste. Die Bezeichnung Bremsparameter ist historisch. Sie ist der Vorstellung geschuldet, dass die Expansion des Universums im Gegensatz zu den jüngeren Beobachtungen gebremst verläuft. Heute würde man wahrscheinlich eher die Bezeichnung Beschleunigungsparameter wählen. Der Parameter wird mit q abgekürzt und ist definiert durch

5.17 $\quad q(t) = -\dfrac{a''(t)}{a(t) \cdot H(t)^2}$.

Hinweis:

Der Bremsparameter q(t) bezieht die negative Beschleunigung $-a''(t)$ auf eine Art „Einheitsbeschleunigung", die innerhalb der Hubble-Zeit

$H(t)^{-1}$ von der Geschwindigkeit null zu der bei a(t) erreichten Fluchtgeschwindigkeit a'(t) führt. Es ist nämlich

$$\frac{a'(t)-0}{H(t)^{-1}} = a'(t) \cdot H(t) = a(t) \cdot H(t) \cdot H(t) = a(t) \cdot H(t)^2$$

und damit

$$-\frac{a''(t)}{\frac{a'(t)-0}{H(t)^{-1}}} = -\frac{a''(t)}{a'(t) \cdot H(t)} = -\frac{a''(t)}{a(t) \cdot H(t)^2} = q(t).$$

In Abhängigkeit von der kosmischen Zeit ergibt sich für den Bremsparameter[1]:

5.18 $\quad q(t) = \frac{1}{2} \cdot \left(1 - 3 \cdot \tanh^2\left(\frac{3}{2} \cdot H_0 \cdot \sqrt{\Omega_{\Lambda,0}} \cdot t\right)\right).$

Für ein materie- und Λ-dominiertes – also nicht strahlungsdominiertes – Universum lässt sich der Parameter sehr elegant mithilfe der Dichteparameter darstellen. Für die Herleitung gehen wir von der Beschleunigungsgleichung aus. Es ist

5.19 $\quad \frac{a''(t)}{a(t)} = -\frac{4\pi G}{3}\left(\delta(t) + \frac{3 \cdot p(t)}{c^2}\right) + \frac{\Lambda}{3}.$

Für die Dichteparameter für Materie und Strahlung und die Dunkle Energie gelten

5.20 $\quad \Omega(t) = \frac{\delta(t)}{\delta_c(t)} = \frac{\delta(t)}{\frac{3 \cdot H(t)^2}{8\pi G}} = 8\pi G \cdot \frac{\delta(t)}{3 \cdot H(t)^2}$

und

5.21 $\quad \Omega_\Lambda(t) = \dfrac{\delta_\Lambda(t)}{\delta_c(t)} = \dfrac{\delta_\Lambda(t)}{\dfrac{3 \cdot H(t)^2}{8\pi G}} = \dfrac{\Lambda}{3 \cdot H(t)^2}.$

Unterstellt man nun ein materie- und Λ-dominiertes Universum und damit p=0, so folgt aus 5.19

$$-\dfrac{a''(t)}{a(t)} = H(t)^2 \cdot \left(\dfrac{4\pi G}{3 \cdot H(t)^2} \cdot \delta(t) - \dfrac{\Lambda}{3 \cdot H(t)^2} \right) = H(t)^2 \cdot \left(\dfrac{\Omega_m(t)}{2} - \Omega_\Lambda(t) \right)$$

und schließlich

5.22 $\quad q(t) = \dfrac{1}{2} \cdot \Omega_m(t) - \Omega_\Lambda(t).$

Bei t_0 ist mit $\Omega_{m,0} \approx \Omega_{m,0} + \Omega_{r,0}$

5.23 $\quad q_0 = \dfrac{1}{2} \cdot \Omega_{m,0} - \Omega_{\Lambda,0}.$

Falls q_0 positiv ist, verläuft die Expansion in der gegenwärtigen Epoche gebremst und bei negativem q_0 beschleunigt. Das Modell sagt damit für die gegenwärtige Epoche eine beschleunigte Expansion vorher. Mit den angenommenen Werten für $\Omega_{m,0}$ und $\Omega_{\Lambda,0}$ ist nämlich

5.24 $\quad q_0 = \dfrac{1}{2} \cdot \Omega_{m,0} - \Omega_{\Lambda,0} \approx -0{,}60.$

Im Ergebnis expandiert das durch das Referenzmodell modellierte Universum in der gegenwärtigen Epoche beschleunigt. In der Abbildung 5.1 stellen wir den Verlauf des Bremsparameters in Abhängigkeit von der kosmischen Zeit grafisch dar.

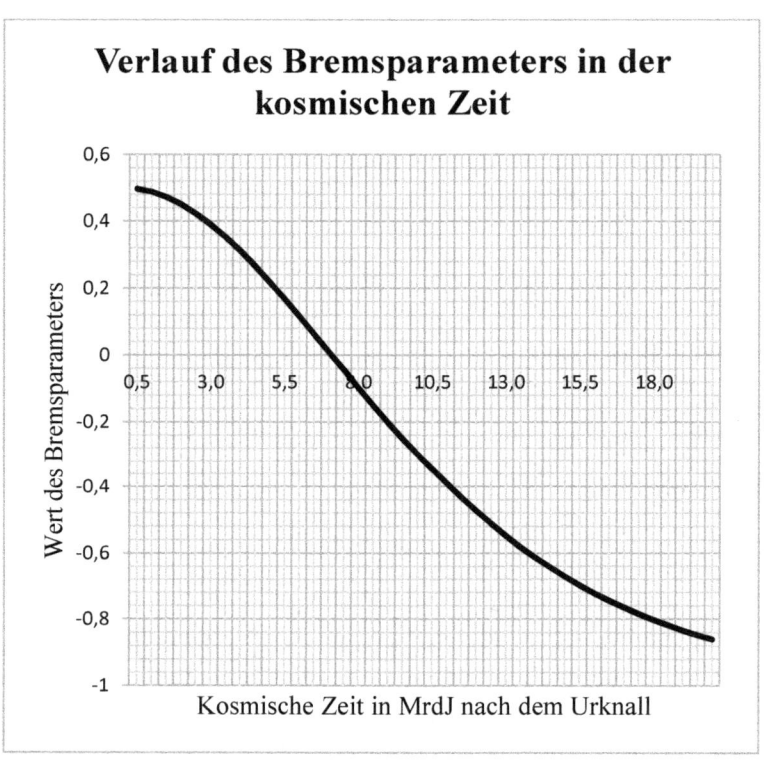

Abbildung 5.1: Verlauf des Bremsparameters in der kosmischen Zeit

Danach ist der Bremsparameter bis ca. 7 MrdJ nach dem Urknall positiv und ab dieser Periode negativ mit den Grenzwerten q(0)=1 und q(∞) = −1. Der Wechsel von der gebremsten in die beschleunigte Expansion findet demnach bei etwa 7 MrdJ nach dem Urknall statt.

5.3 Das ungbremste Universum

Wir wir gesehen haben, erfolgte die Expansion in der strahlungs- und materiedominierten Epoche gebremst, das heißt, mit abnehmender, quasi negativer Beschleunigung. Da wir heute eine Beschleunigung der Expansion beobachten, muss es eine Epoche gegeben haben, in der der Übergang von der gebremsten in die beschleunigte Expansion stattgefunden hat. Wir nennen diese Epoche Inflektionsepoche – im Englischen Inflection von Biegung. Wir sehen uns im Folgenden die diesbezüglichen Vohersagen des Referenzmodells an.

Mathematisch notwenig für den Inflektionspunkt ist das Verschwinden der 2. Ableitung der Skalenfunktion. Wenn wir uns in diesem Kontext den Bremsparameter ansehen (siehe 5.17), dann ist diese Bedingung gleichwertig mit dessen Verschwinden

5.25 $\quad q(t) = \frac{1}{2} \cdot \left(1 - 3 \cdot \tanh^2\left(\frac{3}{2} \cdot H_0 \cdot \sqrt{\Omega_{\Lambda,0}} \cdot t\right)\right) = 0$.

Die Lösung von 5.25 kennen wir bereits, jedenfalls qualitativ. Anhand der Abbildung 5.1 hatten wir dafür etwa 7 MrdJ nach dem Urknall ausgemacht. Analytisch ergibt sich[1]

5.26 $\quad t = \dfrac{2}{3 \cdot H_0 \cdot \sqrt{\Omega_{\Lambda,0}}} \cdot \operatorname{arcsin} h(\dfrac{1}{\sqrt{2}})$.

Damit liegt der Wendepunkt von der gebremsten zur beschleunigten Expanion bei etwa

5.27 $\quad t \approx 7,1 \, \text{MrdJ}$.

Seit nicht ganz 7 MrdJ, gemäß 5.27 seit 6,6 MrdJ, expandiert das Universum also nicht mehr gebremst. Es expandiert ungebremst. Nach einer Periode mit konstanter Expansionsgeschwindigkeit im Inflektionspunkt, expandiert es sogar beschleunigt. Das ist ein unglaublich aufregendes Ergebnis. In der Abbildung 5.2 zeigen wir die Fluchtgeschwindigkeit unterschiedlich rotverschobener Galaxien in Abhängigkeit von der kosmischen Zeit.

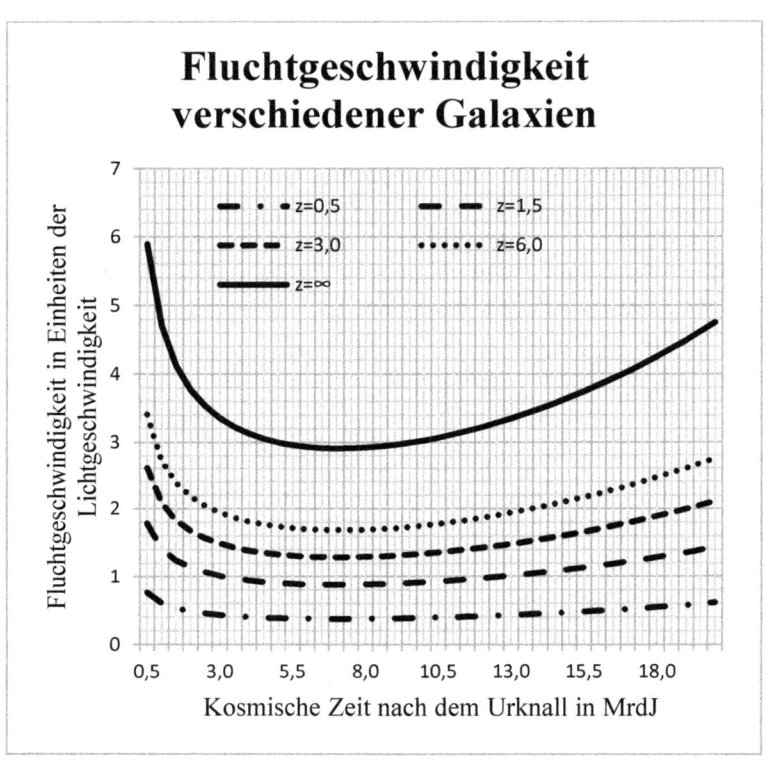

Abbildung 5.2: Fluchtgeschwindigkeit unterschiedlich rotverschobener Galaxien

Das Alter der Welt, jedenfalls das unserer Welt, der Welt also, in der wir leben und die uns hervorgebracht hat, haben wir schon ermittelt. Von seiner Größe wissen wir dagegen noch nichts. Bei der Beantwortung der Frage nach der Größe des Universums hilft uns die folgende Diskussion über das sichtbare Universum. Wir sollten allerdings nicht zu viel erwarten.

6 Die Größe des Universums

Wenn wir die Größe eines kosmischen „Objekts" beschreiben, orientieren wir uns gewöhnlich an seiner Form. Von den astronomischen Objekten Erde und Sonne wissen wir beispielsweise, dass sie annähernd die Form einer Kugel besitzen. Für die Beschreibung ihrer Größe genügt die Angabe ihres Durchmessers. Unsere Galaxie dagegen wird als eine Scheibe mit einem Durchmesser von ca. 100.000 Lichtjahren und einer Dicke von ca. 30.000 Lichtjahren beschrieben. Auch das können wir uns noch vorstellen, wenn auch eher nicht die konkrete Größe. Den beispielhaft genannten kosmischen Objekten gemeinsam ist die Tatsache, dass wir sie im Grundsatz von außen betrachten können. Diese Möglichkeit ist uns in Bezug auf das Universum verwehrt. Wir sind als Bestandteil des Universums nicht in der Lage, uns von außerhalb ein Bild von ihm zu machen. Wir sind quasi gefangen in dieser Welt. Es existiert weder über die Form des Universums noch über seine Größe eine einigermaßen vorstellbare Vorstellung. Wir können also nicht erwarten, die Größe des Universums mit einer knappen einfachen Aussage beschreiben zu können. Unabhängig davon, wenn das Universum tatsächlich vor endlicher Zeit entstanden ist, dann sollte es auch eine endliche Größe haben. Der Multiversum-Theorie zufolge ist unser Universum nur eines unter unzählbar vielen, seine Größe nur ein winziger Bruchteil des gesamten Universums[16]. Wir müssen eingestehen, dass es uns nicht möglich ist, jedenfalls derzeit nicht und mit hoher Wahrscheinlich wird es uns sogar niemals möglich sein, die Größe unseres und schon gar nicht die des gesamten Universums zu „vermessen". Es wäre tatsächlich vermessen, es anzunehmen.

Wir sind allerdings in der Lage, im Rahmen der Modelle, die wir uns von unserem Universum machen, die Größe des für uns sichtbaren und beobachtbaren Bereichs des Universums zu berechnen. Mit diesem Thema, dem sichtbaren Universum, werden wir uns im vorliegenden Kapitel beschäftigen und in diesem Rahmen auch die Frage nach seiner Größe beantworten. Es wird eine bescheidene Antwort auf eine relativ schlichte Frage sein und wir sind zu weiteren Einschränkungen gezwungen. Die Größe des Universums, jedenfalls die beobachtbare Größe, nimmt, wie wir wissen, im Rahmen der Expansion zu. Das heißt, unsere Größenangabe kann sich nur auf eine definierte kosmische Epoche beziehen. In der nächsten Epoche wird das sichtbare Universum größer sein und in den vergangenen Epochen war es notwendigerweise kleiner. Wenn man vom kosmologischen Prinzip überzeugt ist, sollte die Größe des sichtbaren Univsersums unabhängig von der Position des Beobachters sein. Aber was sieht eigentlich ein Beobachter, den wir uns auf dem äußersten, von uns aus sichtbaren Rand des Universums vorstellen, wenn er nicht in unsere Richtung, sondern weiter in den Raum hineinblickt? Muss dann das Universum nicht doch unendlich groß sein, wenn wir dieses Gedankenexperiment fortsetzen? Oder ist es so schwach gekrümmt und so groß, dass es uns als nur als flach erscheint? Wir werden es nicht beantworten können, jedenfalls in der vorliegenden Arbeit nicht. Wir ziehen uns also bescheiden auf die Frage nach dem sichtbaren bzw. beobachtbaren Universum aus Sicht unserer eigenen, wurmartigen Perspektive[1,7] zurück.

Bevor wir aber zu einer entsprechenden Definition kommen, sollten wir uns über ein paar Dinge verständigt haben. Siehe dazu auch in „Das sichtbare Universum"[2]. Zunächst sollten wir klären, welche Objekte des Universums wir beobachten möchten, wenn wir vom beobachtbaren bzw. sichtbaren Universum sprechen. Die Beantwortung dieser Frage scheint vordergründig einfach. Da wir uns mit kosmologischen Themen beschäftigen, also mit dem Universum als Ganzem, kommen dafür eigentlich nur Galaxien in Betracht. Galaxien sind die kleinsten gravitativ gebundenen Systeme, die unabhängig voneinander auf dem Hubble-Strom „treiben" und sich infolge der Expansion des Weltalls immer weiter voneinander entfernen. In bestimmten Fällen, in denen es a priori nicht klar ist, ob eine Galaxie beispielsweise schon existiert hat oder noch existiert, kommen wir allerdings besser zurecht, wenn wir uns abstrakte „Raumzeitereignisse" vorstellen, die irgendwo im Raum zu irgendeiner Zeit stattfinden und in der Lage sind, sich uns bemerkbar zu machen. Wir nennen sie einfach „virtuelle" Galaxien.

Außerdem müssen wir uns über die Position des Beobachters verständigen. Die natürlichste Annahme ist, dass wir von unserer Erde als Beobachtungsort ausgehen. Mit dem Beobachtungsort können wir aber im Angesicht der Größe des Universums, ohne allzu große Fehler zu machen, durchaus etwas großzügiger umgehen. Da wir als Beobachtungsobjekte Galaxien ausgemacht haben, wenn auch gegebenenfalls virtuelle, gehen wir, quasi in Augenhöhe bleibend, von einer beliebigen Galaxie, als Beobachtungsstandort aus. Diese Galaxie nennen wir Beobachtergalaxie. Ohne Beschränkung der Allgemeinheit wählen wir als Beobachtergalaxie unsere eigene. Diese Vorgehensweise können wir mit dem kosmologischen Prinzip begründen, nach dem das Universum auf großen Skalen homogen und isotrop ist. Als bevorzugte Beobachtungszeit wählen wir unsere eigene kosmische Epoche, lassen aber jede kosmische Epoche zu. Die jeweils gewählte Epoche nennen wir Beobachtungsepoche.

Die Vorbereitung auf das Thema abschließend, legen wir noch fest, mit welchen Beobachtungsinstrumenten wir arbeiten wollen. Wir machen uns die Technik der Beobachtung einfach und verzichten auf jegliches technisches Gerät. Wir beobachten die Galaxien innerhalb unseres Modells, das wir uns von unserem Universum machen. Das heißt, wir beobachten Galaxien mit mathematischen Mitteln, theoretisch also, unabhängig von der Güte oder der Unzulänglichkeit von Beobachtungsinstrumenten.

Wir definieren nun:

Das sichtbare Universum besteht aus Sicht einer bestimmten Galaxie (Beobachtergalaxie) und einer bestimmten Epoche (Beobachtungsepoche) aus allen Raumzeitereignissen, deren Lichtemissionen die Beobachtergalaxie in der Beobachtungsepoche erreichen.

Auf unsere eigene Galaxie und unsere eigene Epoche reduziert, gilt also:

Das sichtbare Universum besteht aus allen Raumzeitereignissen, deren Lichtemissionen uns erreichen.

Hinweis:

Diese Definition ist eigentlich trivial. Wenn von einem Objekt emittierte Photonen unsere Augen nicht erreichen, dann ist das Objekt nun einmal für uns unsichtbar. In einem expandierenden Universum aber, in dem sich der Raum zwischen den Objekten während der Laufzeit des Lichts vergrößert, ist diese Definition nicht immer ganz so einfach zu deuten. Und es lohnt sich, wie wir noch sehen werden, die Situation etwas genauer zu analysieren.

6.1 Elemente des sichtbaren Universums

Die Größen, mit denen wir das sichtbare Universum beschreiben und berechenbar machen, nennen wir Elemente des sichtbaren Universums. Im Einzelnen sind dies die Weltlinie einer Galaxie, der Vergangenheitslichtkegel, der Partikelhorizont, der Ereignishorizont und schließlich, wenn auch, wie wir noch sehen werden, nur nachrangig, auch der Hubble-Radius. Wir definieren die Größen und bedienen uns der Schreibweise aus „Das expandierende Universum"[1].

Weltlinie einer Galaxie $W_{L(t_e)}(t)$:

Unter der Weltlinie einer Galaxie, die bei t_e Photonen emittiert, die bei t_0 detektiert werden, verstehen wir den Weg der Galaxie $W_{L(t_e)}(t)$ durch die Raumzeit mit

6.1 $\quad W_{L(t_e)}(t) = c \cdot a(t) \cdot \int_{t_e}^{t_0} \frac{dt}{a(t)}$.

Dabei ist t eine beliebige kosmische Epoche, die gegenwärtige, eine vergangene oder zukünftige kosmische Epoche, t_e die Emissionsepoche, t_0 die Detektionsepoche, in diesem Falle die gegenwärtige Epoche, c die Lichtgeschwindigkeit und a(t) die Skalenfunktion des zugrunde gelegten Weltmodells, hier also die des Standardmodells der Kosmologie.

Vergangenheitslichtkegel einer Epoche $L_{C(\bar{t})}(t)$:

Unter dem Vergangenheitslichtkegel $L_{C(\bar{t})}(t)$ einer beliebigen Beobachtungsepoche $\bar{t}$ verstehen wir die Raumzeitereignisse, die von einem

Beobachter bei $\bar{t}$ detektiert werden können. Der Vergangenheitslichtkegel wird auch Weltlinie des Lichts genannt. Formal gilt

6.2 $\quad L_{C(\bar{t})}(t) = c \cdot a(t) \cdot \int_{t}^{\bar{t}} \dfrac{dt}{a(t)}$.

Dabei ist t eine beliebige, aus Sicht von $\bar{t}$ vergangene kosmische Epoche.

Falls $\bar{t} = t_0$ ist, die Beobachtungsepoche also die gegenwärtige Epoche t_0, so gilt

6.3 $\quad L_{C(t_0)}(t) = c \cdot a(t) \cdot \int_{t}^{t_0} \dfrac{dt}{a(t)}$.

Partikelhorizont $d_{ph}(t)$ **einer Epoche:**

Der Partikelhorizont $d_{ph}(t)$ einer beliebigen Epoche t ist die Distanz, die Licht seit dem Urknall bis zur Epoche t zurückgelegt hat. Der Partikelhorizont wird auch als Beobachtungshorizont bezeichnet. Formal gilt

6.4 $\quad d_{ph}(t) = c \cdot a(t) \cdot \int_{0}^{t} \dfrac{dt}{a(t)}$.

Ereignishorizont $d_{eh}(t)$ **einer Epoche:**

Der Ereignishorizont $d_{eh}(t)$ einer beliebigen Epoche t ist die Distanz, aus der zur Zeit t emittierte Photonen uns in endlicher Zeit nicht mehr erreichen können. Es gilt

6.5 $\quad d_{eh}(t) = c \cdot a(t) \cdot \int_{t}^{\infty} \dfrac{dt}{a(t)}$.

Hubble-Radius-Funktion $r_h(t)$ **einer Epoche:**

Der Hubble-Radius $r_h(t)$ einer beliebigen Epoche t ist die Distanz, in der die Fluchtgeschwindigkeit gerade der Lichtgeschwindigkeit entspricht. Es gilt

6.6 $\quad r_h(t) = \dfrac{c}{H(t)}$.

Wir stellen in den beiden folgenden Tabellen die Relationen in Abhängigkeit vom Skalenparameter und in Abhängigkeit von der Rotverschiebung zusammen. Dabei stehen

6.7 $\quad a_0 = a(t_0) = 1$ und $z_0 = \dfrac{1}{a_0} - 1 = 0$

für die Epoche des Beobachters,

6.8 $\quad a_e = a(t_e)$ und $z_e = \dfrac{1}{a_e} - 1$

für die Emissionsepoche,

6.9 $\quad a = 0$ und $z = \infty$

für das Urknallereignis,

6.10 $\quad a_{end} = \infty$ und $z_{end} = \dfrac{1}{a_\infty} - 1 = -1$

für das Ende der Zeit[1].

Größe	Relation
Weltlinie $W_{L(a_e)}(a)$	$\dfrac{c}{H_0} \cdot a \cdot \displaystyle\int_{a_e}^{a_0} \dfrac{da}{a^2 \cdot \sqrt{\Omega_{m,0} \cdot a^{-3} + \Omega_{\Lambda,0}}}$
Lichtkegel $L_{C(a_0)}(a)$	$\dfrac{c}{H_0} \cdot a \cdot \displaystyle\int_{a}^{a_0} \dfrac{da}{a^2 \cdot \sqrt{\Omega_{m,0} \cdot a^{-3} + \Omega_{\Lambda,0}}}$
Partikelhorizont $d_{ph}(a)$	$\dfrac{c}{H_0} \cdot a \cdot \displaystyle\int_{0}^{a} \dfrac{da}{a^2 \cdot \sqrt{\Omega_{m,0} \cdot a^{-3} + \Omega_{\Lambda,0}}}$
Ereignishorizont $d_{eh}(a)$	$\dfrac{c}{H_0} \cdot a \cdot \displaystyle\int_{a}^{a_{end}} \dfrac{da}{a^2 \cdot \sqrt{\Omega_{m,0} \cdot a^{-3} + \Omega_{\Lambda,0}}}$
Hubble-Radius $r_H(a)$	$\dfrac{c}{H_0} \cdot \dfrac{1}{\sqrt{\Omega_{m,0} \cdot a^{-3} + \Omega_{\Lambda,0}}}$

Tabelle 6.1: Die Elemente des sichtbaren Universums abhängig vom Skalenparameter

Größe	Relation
Weltlinie $W_{L(z_e)}(z)$	$\dfrac{c}{H_0} \cdot \dfrac{1}{1+z} \cdot \displaystyle\int_0^{z_e} \dfrac{dz}{\sqrt{\Omega_{m,0}\cdot(1+z)^3 + \Omega_{\Lambda,0}}}$
Lichtkegel $L_{C(z_0)}(z)$	$\dfrac{c}{H_0} \cdot \dfrac{1}{1+z} \cdot \displaystyle\int_{z_0}^{z} \dfrac{dz}{\sqrt{\Omega_{m,0}\cdot(1+z)^3 + \Omega_{\Lambda,0}}}$
Partikelhorizont $d_{ph}(z)$	$\dfrac{c}{H_0} \cdot \dfrac{1}{1+z} \cdot \displaystyle\int_z^{\infty} \dfrac{dz}{\sqrt{\Omega_{m,0}\cdot(1+z)^3 + \Omega_{\Lambda,0}}}$
Ereignishorizont $d_{eh}(z)$	$\dfrac{c}{H_0} \cdot \dfrac{1}{1+z} \cdot \displaystyle\int_{z_{end}}^{z} \dfrac{dz}{\sqrt{\Omega_{m,0}\cdot(1+z)^3 + \Omega_{\Lambda,0}}}$
Hubble-Radius $r_H(z)$	$\dfrac{c}{H_0} \cdot \dfrac{1}{\sqrt{\Omega_{m,0}\cdot(1+z)^3 + \Omega_{\Lambda,0}}}$

Tabelle 6.2: Die Elemente des sichtbaren Universums abhängig von der Rotverschiebung

In den folgenden Abschnitten beschäftigen wir uns mit dem Verhalten der Größen untereinander und nähern uns so mehr und mehr dem Verständnis vom sichtbaren Universum.

6.2 Zusammenspiel der Elemente

Um die Elemente des sichtbaren Universums und die Beziehungen zwischen ihnen anschaulich darstellen zu können, benutzt man gewöhnlich zweidimensionale Raumzeit-Diagramme. Dabei werden auf einer Achse die kosmische Zeit, auf der anderen der auf eine Raumdimension reduzierte Raum dargestellt. Das hört sich kompliziert an, ist es aber nicht.

Üblicherweise werden in einem Raumzeitdiagramm die horizontale Achse als Raumachse und die vertikale Achse als Zeitachse verwendet. Wir brechen mit dieser Konvention und machen es genau umgekehrt, dadurch motiviert, dass in den Relationen, mit denen wir arbeiten, die Zeit bzw. der Skalenwert und die Rotverschiebung als unabhängige Variablen und Entfernungen im Raum als abhängige Variablen vorkommen. Wir folgen also nur der mathematischen Konvention, wenn wir die Zeit, den Skalenwert und die Rotverschiebung als unabhängige Variablen auf der horizontalen und den Raum als abhängige Variable auf der vertikalen Achse darstellen. Als Einheit der kosmischen Zeit wählen wir Milliarden Jahre (MrdJ) und als Distanzeinheit Milliarden Lichtjahre (MrdLj).

Die im Folgenden dargestellten Abbildungen basieren ausnahmslos auf dem Referenzmpodell.

Hinweis: Sämtliche im Folgenden berechneten Integrale wurden mit dem Programm von WolframAlpha ermittelt[17], wobei als Integrationsvariable entweder der Skalenwert a oder die Rotverschiebung z verwendet wurden. Die Umrechnung der ausgewiesenen kosmischen Epochen in die Skalenwerte erfolgte mit der Skalenfunktion des Referenzmodells.

6.3 Weltlinie und Vergangenheitslichtkegel

Wir beschäftigen uns in diesem Abschnitt mit dem Zusammenspiel der Weltlinie einer Galaxie und dem Vergangenheitslichtkegel einer Epoche. Wir stellen zunächst Weltlinien von Galaxien unterschiedlicher Rotverschiebung dar. Siehe dazu Abbildung 6.1

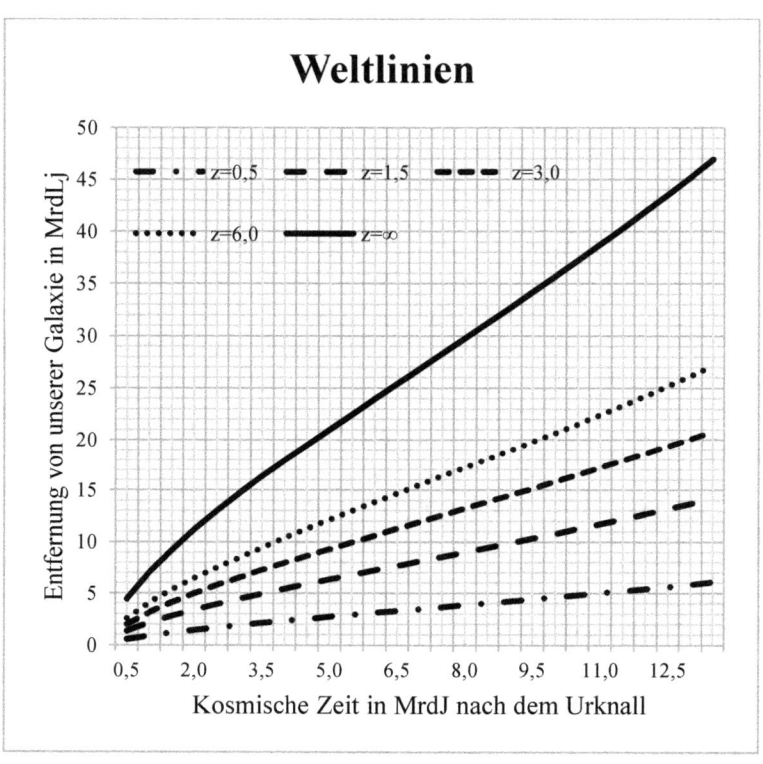

Abbildung 6.1: Weltlinien unterschiedlich rotverschobener Galaxien

Die Abbildung zeigt, dass sich die Galaxien bei ihrem Weg durch die Raumzeit voneinander entfernen. Mit ein wenig Fantasie laufen die Linien tulpenblütenartig auseinander. Dies ist eine Folge der vor ca. 7 MrdJ in Gang gesetzten beschleunigten Expansion des Raumes. Zwischen zwei Galaxien gibt es, bis auf den Urknall, kein gemeinsames Raumzeit-Ereignis. Die Galaxie mit der Rotverschiebung $z = \infty$ ist die Galaxie, deren Emissionsepoche der kosmischen Zeit null entspricht. Unabhängig davon, dass im Urknall noch keine Galaxie existiert haben kann, handelt es sich dabei um eine theoretische Grenze. Von weiter zurück in der Zeit und weiter draußen im Raum können wir augenscheinlich keine Signale erwarten. Das werden wir im Folgenden aber noch genauer erörtern.

Wir widmen uns nun dem Zusammenspiel der Weltlinien mit dem Vergangenheitslichtkegel einer Epoche. Ohne Beschränkung der Allgemeinheit gehen wir dabei zunächst von der gegenwärtigen Epoche t_0 aus. Der Vergangenheitslichtkegel, das hatten wir schon erwähnt, wird auch als Weltlinie des Lichts bezeichnet. Die Bezeichnung Kegel bezieht sich auf den dreidimensionalen Raum. Obgleich wir, wie vereinbart, räumlich eindimensional arbeiten, sprechen wir weiterhin vom Lichtkegel. Der Vergangenheitslichtkegel beschreibt den Raumbereich, aus dem wir Informationen aus der Vergangenheit erhalten können. Man kann auch sagen, dass es sich um den Raumbereich handelt, der uns kausal mit der Vergangenheit verbindet. Da die Lichtgeschwindigkeit die maximal mögliche Geschwindigkeit ist, mit der Information fließen kann, ist dieser Raumbereich trivialerweise begrenzt. Um uns das klar zu machen, stellen wir uns einen Augenblick lang ein statisches Universum vor, dass von einem Schöpfer vor endlicher Zeit erschaffen wurde. Den Schöpfungsakt nennen wir der Einfachheit halber Urknall. Wir sehen uns an, auf welchem Weg das Licht dieses Urknalls uns erreicht. Dazu benutzen wir, wie auch anders, unser Raumzeitdiagramm. Siehe Abbildung 6.2. Die Weltlinien der Galaxien sind nun Parallelen zur Zeitachse. Da die kosmische Zeit in Milliarden Jahre und die Distanz in Milliarden Lichtjahre eingeteilt ist, folgt ein Lichtsignal trivialerweise einer $45°$-Linie, der Weltlinie des Lichts, die in diesem Falle eine gerade Linie bildet. In der expandierenden Raumzeit nimmt die Weltlinie des Lichts dagegen eine etwas eigentümliche Form an. Sie ähnelt mit ein wenig Fantasie der Form eines geteilten bzw. halben Wassertropfens. Siehe dazu weiter unten.

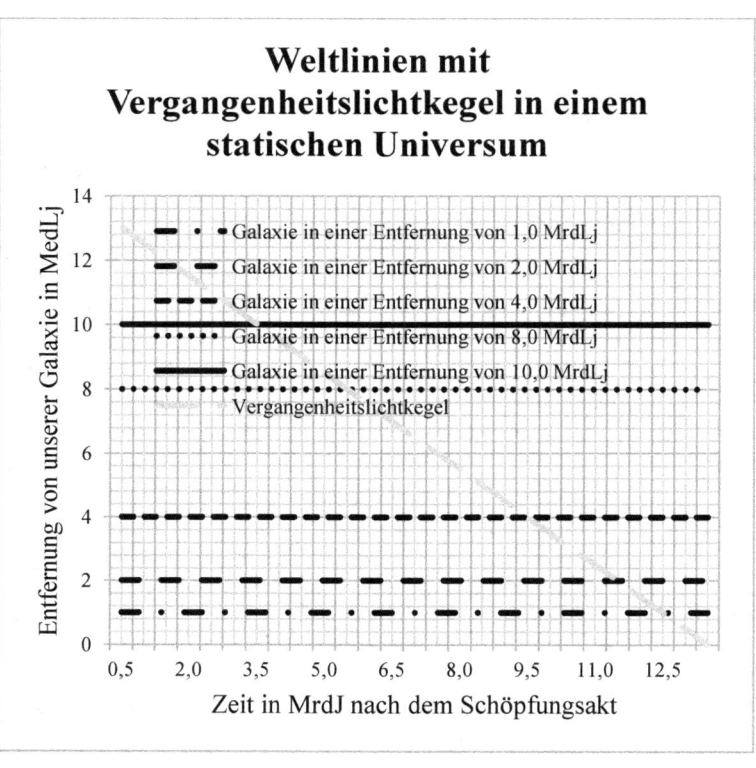

Abbildung 6.2: Weltlinien und Vergangenheitslichtkegel in einem statischen Universum

In der Abbildung 6.3 stellen wir nun den Vergangenheitslichtkegel der gegenwärtigen Epoche zusammen mit den Weltlinien aus Abbildung 6.1 dar.

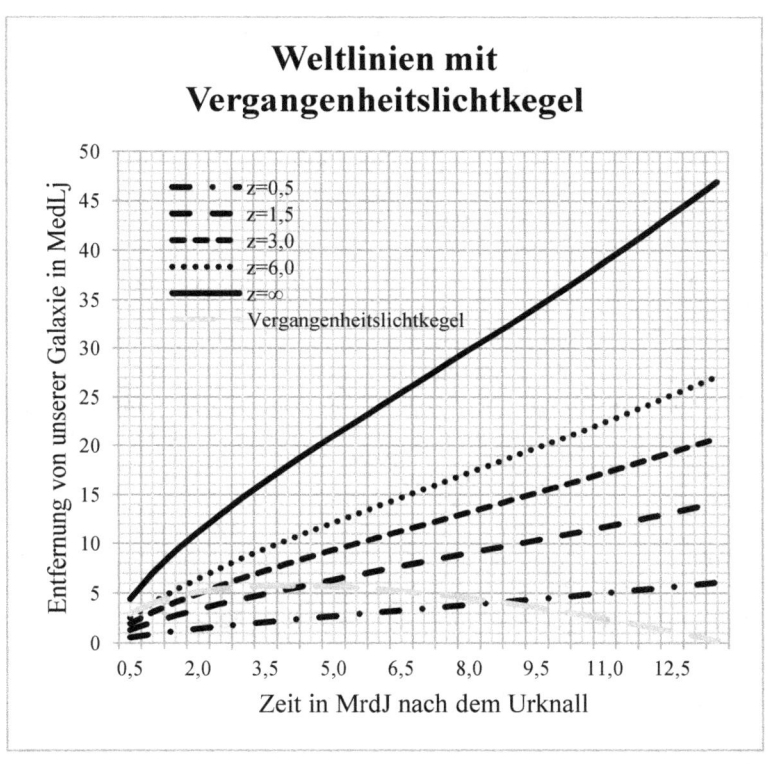

Abbildung 6.3: Weltlinien unterschiedlich rotverschobener Galaxien im Zusammenspiel mit dem Vergangenheitslichtkegel der gegenwärtigen Epoche

Wir beschäftigen uns mit zwei Aspekten dieser Abbildung. Wir erklären als Erstes das Zustandekommen der „Tropfenform" des Lichtkegels und deuten anschließend die Schnittpunkte der Weltlinien mit dem Vergangenheitslichtkegel als Emissionsereignisse, die wir heute beobachten können.

Wir machen uns ein Bild:

Ein Lichtsignal werde am Anfang der Zeit, als alle Objekte noch sehr dicht zusammen waren, in unsere Richtung emittiert. Dass wir, unsere

Galaxie, unser Sonnensystem und unsere Erde damals noch nicht existiert haben, soll uns nicht weiter stören. Das Lichtsignal besitzt relativ zum Hubble-Strom die konstante Geschwindigkeit - c. Das Minuszeichen steht dabei für die Annahme, dass das Signal in unsere Richtung geschickt wird, während der „Hubble-Strom" von uns wegtreibt. Die Photonen des Signals werden vom Hubble-Strom quasi „mitgerissen". Wenn nun die Geschwindigkeit des Hubble-Stroms, der sich von uns wegbewegt, größer ist als die des Lichts – und das war so am Beginn von Raum und Zeit –, entfernen sich die Photonen von uns. Wenn die Photonen auf ihrer Reise in Raumbereiche gelangen, die sich weniger schnell als mit Lichtgeschwindigkeit von uns entfernen, kommen diese auf uns zu, bis sie uns schließlich erreichen und uns das Bild, das sie mit sich führen, übermitteln. Ingesamt entsteht dadurch die Tropfenform des Lichtkegels. Insbesondere verfügt die Funktion des Lichtkegels über ein lokales Maximum. Wir kommen darauf zurück.

Aus den zeitabhängigen Relationen von Weltlinie und Vergangenheitslichtkegel erkennt man unmittelbar, dass es genau einen Schnittpunkt der Funktionen gibt, also genau ein gemeinsames Raumzeitereignis. Verlangt man zum Beispiel für einen Beobachter bei t_0

$$W_{L(t_e)}(t) = c \cdot a(t) \cdot \int_{t_e}^{t_0} \frac{dt}{a(t)} = c \cdot a(t) \cdot \int_{t}^{t_0} \frac{dt}{a(t)} = L_{C(t_0)}(t)$$

Mit $t > 0$, so ist

6.11 $\quad (t_e; W_{L(t_e)}(t_e)) = (t_e; L_{c(t_0)}(t_e))$.

Der Beobachter bei t_0 sieht also von einer Galaxie genau einen Zustand, nämlich ihren Zustand zum Zeitpunkt ihrer Lichtemission t_e. Er ist damit nicht einmal in der Lage zu entscheiden, ob die Galaxie zum Zeitpunkt der Detektion des Lichtsignals überhaupt noch existiert. Unsere Sicht auf das Universum ist die Sicht eines „wormlike observers" [1,7]. Der Beobachter einer späteren Epoche sieht einen späteren Lebenszeitabschnitt der Galaxie als der gegenwärtige Beobachter. Wir machen uns das deutlich, indem wir einen zweiten Lichtkegel einer in der Zukunft liegenden Epoche heranziehen. Wir wählen als zukünftige Epoche beispielhaft 20 MrdJ nach dem Urknall. In der Abbildung 6.4 stellen wir beide Lichtkegel, den der gegenwärtigen Epoche und den der Epoche 20 MrdJ nach dem Urknall zusammen mit den bisher betrachteten Weltlinien dar. Wir sehen, dass sich beispielsweise die um z=1,5 rotverschobene Galaxie (aus Sicht der Gegenwartsepoche) dem gegenwärtigen Beobachter in ihrem Zustand ca. 4,5 MrdJ nach dem Urknall und dem Beobachter der zukünftigen Epoche in ihrem Zustand ca. 6,5 MrdJ nach dem Urknall präsentiert. Schon an dieser Stelle stellt sich die Frage, ob sämtliche Lebenszeitabschnitte einer Galaxie grundsätzlich beobachtbar sind. Grundsätzlich in dem Sinne, dass Beobachter zukünftiger Epochen einen bestimmten Lebenszeitabschnitt der Galaxie beobachten können, sodass ingesamt die komplette „Lebenslinie" der Galaxie beobachtbar ist. Wenn das Bild, das wir uns mit dem Referenzmodell von unserem Universum machen, richtig ist und der Raum sich zunehmend schneller ausdehnt, sollte die Antwort darauf eigentlich „nein" lauten. Wir werden uns mit dieser Frage genauer erst im Zusammenhang mit der Behandlung des Ereignishorizonts beschäftigen können.

Zunächst widmen wir uns einer weiteren Frage, die unmittelbar im Zusammenhang mit der Beobachtung steht. Das ist die Frage nach der Entfernung der beobachteten Galaxie. Wir wissen bereits, dass wir die Galaxie in einem vergangenen Zustand sehen. Da sich der Raum zwischen unserer eigenen und der beobachteten Galaxie ausdehnt, muss die Distanz der beobachteten Galaxie zum Zeitpunkt ihrer Lichtemission kleiner gewesen sein als sie es heute, bei Detektion des Signals, ist. Diese Erkenntnis ist trivial und die beiden Abbildungen 6.3 und 6.4 zeigen dies auch. Den Verlauf der Entfernungen einer Galaxie entspricht gerade ihrer Weltlinie. Eine Galaxie, die in der Epoche t_e Photonen emittiert, die wir in der Epoche t_0 detektieren, hat in der Epoche t die Entfernung

6.12 $$W_{L(t_e)}(t) = c \cdot a(t) \cdot \int_{t_e}^{t_0} \frac{dt}{a(t)}$$

von uns.

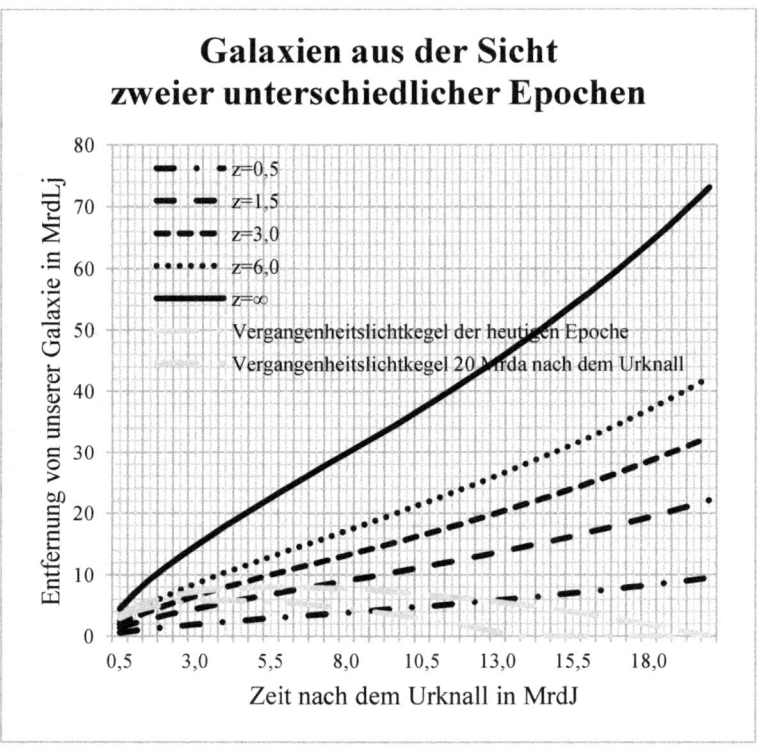

Abbildung 6.4: Galaxien aus der Sicht zweiter verschiedener Beobachtungsepochen

Von besonderem Interesse sind die Entfernungen bei der Emission des Lichtsignals, die wir mit d_e bezeichnen und die bei dessen Detektion, die wir mit d_d bezeichnen. Es ist also

6.13 $\quad d_e = c \cdot a(t_e) \cdot \int_{t_e}^{t_0} \dfrac{dt}{a(t)}$

und

6.14 $\quad d_d = c \cdot a(t_0) \cdot \int_{t_e}^{t_0} \frac{dt}{a(t)} = c \cdot \int_{t_e}^{t_0} \frac{dt}{a(t)}.$

d_e heißt Emissionsdistanz, d_d Detektions- oder auch Empfangsdistanz (reception distance bei Harrison[7]). Lässt man für die Emissionsepoche eine beliebige Epoche t zu mit $0 \le t \le t_0$, so ist

6.15 $\quad d_e(t) = c \cdot a(t) \cdot \int_{t}^{t_0} \frac{dt}{a(t)}$

und

6.16 $\quad d_d(t) = c \cdot \int_{t}^{t_0} \frac{dt}{a(t)}.$

Zwischen der Emissionsdistanz $d_e(t)$ und der Detektionsdistanz $d_d(t)$ gilt die Beziehung

6.17 $\quad d_e(t) = a(t) \cdot d_d(t).$

6.15 ist nichts anderes als der Vergangenheitslichkegel der Epoche t_0. Diesem widmen wir noch ein paar Überlegungen. Im Urknall, das heißt, bei t=0 und in der gegenwärtigen Epoche $t = t_0$ besitzt dieser den Wert null. Da die Skalenfunktion und damit die Lichtkegelfunktion differenzierbar ist[1], besitzt der Lichtkegel notwendigerweise ein lokales Maximum. Dieses finden wir durch Ableiten und Nullsetzen der Lichtkegelfunktion. Es ist

$$\frac{dL_{C(t_0)}(t)}{dt} = c \cdot a'(t) \cdot \int_{t}^{t_0} \frac{dt}{a(t)} - c = 0$$

und damit

6.18 $\quad a'(t) \cdot \int_{t}^{t_0} \frac{dt}{a(t)} = 1.$

Wir bezeichnen die Lösung mit t_E. Dann ist also

6.19 $\quad W'_{L(t_E)}(t_E) = c \cdot a'(t_E) \cdot \int_{t_E}^{t_0} \dfrac{dt}{a(t)} = c$.

Die Galaxie, die bei t_E, also im Maximumpunkt der Lichtkegelfunktion Photonen emittierte, die wir heute detektieren, hatte also bei t_E eine Fluchtgeschwindigkeit von c. Sie lag damit auf dem Hubble-Radius dieser Epoche. Sie ist die Galaxie, die in der Geschichte des Universums unter den für uns sichtbaren einmal am weitestens von uns entfernt war.

6.4 Der Partikelhorizont

Wir gehen in diesem Abschnitt auf die Bedeutung des Partikelhorizonts ein und stellen die Beziehung zum Vergangenheitslichtkegel und zu den Weltlinien der Galaxien her.

Die Funktion des Partikelhorizonts

6.20 $\quad d_{ph}(t) = c \cdot a(t) \cdot \int_{0}^{t} \dfrac{dt}{a(t)}$

beschreibt formal für jede kosmische Epoche t die Entfernung einer Galaxie, die im Urknall ein Lichtsignal emittiert, das ein Beobachter bei t detektiert. Dass im Urknall noch keine Galaxie existiert haben kann, um uns Lichtsignale zu senden, soll uns an dieser Stelle nicht weiter stören. Der Partikelhorizont einer kosmischen Epoche t ist somit die Entfernung, die Licht seit dem Urknall bis zur Epoche t zurückgelegt hat. Die Bezeichnung Partikelhorizont oder Teilchenhorizont soll aussagen, dass es sich dabei um die maximale Entfernung handelt, aus der Informationen einen Beobachter bei t noch erreichen können. Man kann auch sagen, es ist die Entfernung, aus der gerade noch eine kausale Wirkung auf einen Beobachter bei t, das heißt, auf das Raumzeitereignis (t; 0) ausgeübt werden kann. Im Falle $t = t_0$ ist dieses Ereignis das Raumzeitereignis $(t_0; 0)$, also unsere Zeit und unsere Galaxie. Geeigneter scheint uns die Interpretation des Horizonts als maximale Entfernung, aus der uns Lichtsignale erreichen können. Deshalb halten wir auch die Bezeichnung Beobachtungshorizont für die geeignetere, obgleich sie sich nicht durchgesetzt hat. Wir bleiben also bei dem etablierten Sprachgebrauch Partikelhorizont. Der Partikelhorizont einer Epoche t bildet die Grenze der Sichtbarkeit in dieser Epoche t. Dieser Horizontbegriff ist vergleichbar mit dem Horizontbegriff, wie wir ihn kennen. Er bildet eine Grenze, über die hinaus wir nicht blicken können, unabhängig davon, ob es dort noch etwas zu entdecken gäbe oder nicht. Man kann deshalb auch sagen:

Definition:

Das sichtbare Universum einer kosmischen Epoche t besteht aus allen Raumzeitereignissen innerhalb einer Kugel mit dem Radius $d_{ph}(t)$, in deren Mittelpunkt sich der Beobachter befindet.

Im zweidimensionalen Raumzeitdiagramm hat der Raum verabredungsgemäß eine Dimension. Das sichtbare Universum der Epoche t besteht deshalb in diesem Modell aus allen Objekten, die sich bei t nicht weiter als $d_{ph}(t)$ von der horizontalen Achse aufhalten. Wichtig ist, dass wir alle diese Objekte zwar beobachten können, wir sie aber zu unterschiedlichen Zeiten sehen, eben zum Zeitpunkt ihrer Lichtemission. Je weiter wir in den Raum hineinblicken, umso weiter blicken wir in die Vergangenheit. Die Weltlinie der Galaxie, die sich in der gegenwärtigen Epoche in Horizontentfernung befindet, ist quasi die Grenzlinie des sichtbaren Universums der gegenwärtigen Epoche. Sie hat mit dem Vergangenheitslichtkegel ausschließlich das Urknallereignis gemeinsam. Wir nennen diese Galaxie, die wir für jede kosmische Epoche definieren können, Horizontgalaxie und ihre Weltlinie Horizontlinie der jeweiligen Epoche. Beispielsweise gilt für die Weltlinie der Horizontgalaxie der gegenwärtigen Epoche t_0

6.21 $\quad W_{L(d_{ph}(t_0))}(t) = c \cdot a(t) \cdot \int_0^{t_0} \frac{dt}{a(t)}$.

Die Indizierung der Weltlinie mit $d_{ph}(t_0)$ bedeutet, dass die Galaxie bei t_0 auf dem Partikelhorizont liegt. In Abbildung 6.5 ergänzen wir Abbildung 6.3 um die Partikelhorizont-Funktion. Wir wissen, dass das Universum ca. 13,7 MrdJ alt ist. Beim ersten Hinsehen könnte man erwarten, dass das Licht 13,7 MrdLj seit Beginn der Zeit zurückgelegt hat. Tatsächlich sind es aber ca. 47,6 MrdLj. Siehe dazu Abbildung 6.5. Das lässt sich damit erklären, dass die Lichtteilchen von dem allgemeinen Hubble-Strom mitgerissen werden. Wenn wir die Funktion des Partikelhorizonts ableiten, erhalten wir die totale Photonengeschwindigkeit, die sich aus der lokalen Lichtgeschwindigkeit und der Geschwindigkeit des Hubble-Stroms in Horizontdistanz ergibt. Es ist

6.22 $\quad d'_{ph}(t) = c \cdot a'(t) \cdot \int_0^t \frac{dt}{a(t)} + c$.

Der Partikelhorizont vergrößert sich demnach relativ zur Fluchtgeschwindigkeit der Horizontgalaxie $W_{L(d_{ph(t)})}(t)$ mit Lichtgeschwindigkeit.

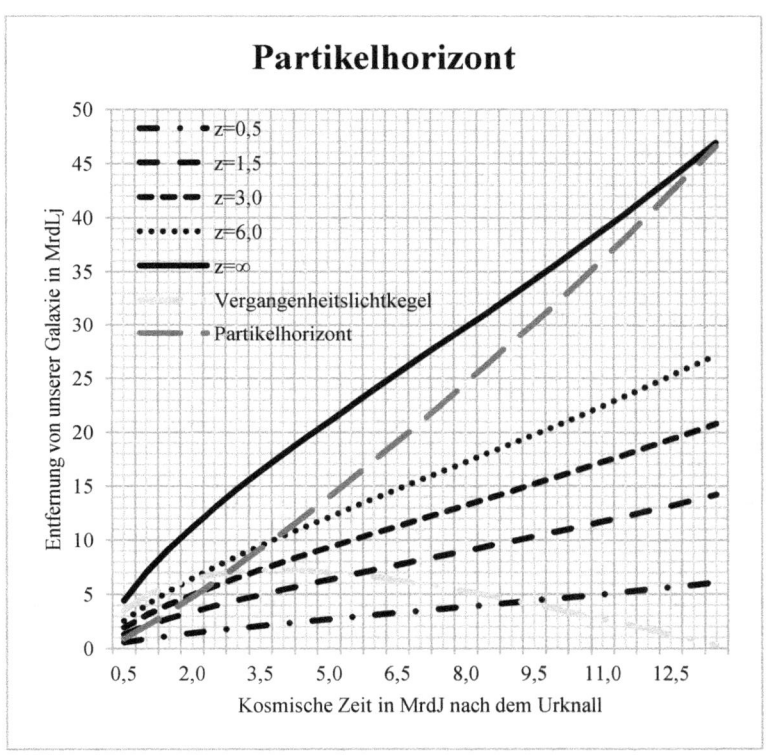

Abbildung 6.5: Partikelhorizont zusammen mit Weltlinien von Galaxien unterschiedlicher Rotverschiebung und dem Vergangenheitslichtkegel

Mit dem Hubble-Gesetz ist nämlich[1]

$$W'_{L(d_{ph}(t))}(t) = H(t) \cdot d_{ph}(t) = \frac{a'(t)}{a(t)} \cdot c \cdot a(t) \cdot \int_0^t \frac{dt}{a(t)} = c \cdot a'(t) \cdot \int_0^t \frac{dt}{a(t)}$$

und damit

6.23 $\quad d'_{ph}(t) = W'_{L(d_{ph}(t))}(t) + c$.

Für die gegenwärtige Epoche ist

6.24 $\quad d'_{ph}(t_0) = W'_{L(d_{ph}(t_0))}(t_0) + c = H_0 \cdot d_{ph}(t_0) + c$.

Hinweis:

Wir berechnen 6.24 für das Referenzmodell. Es ist

$d'_{ph}(t_0) \approx 3{,}45 \cdot c + c = 4{,}45 \cdot c$.

Wir können dieses Ergebnis auch so ausdrücken: Jeden Tag vergrößert sich der Durchmesser des für uns sichtbaren Universums um nicht ganz 9 Lichttage.

6.5 Der Ereignishorizont

In dem vorliegenden Abschnitt beschäftigen wir uns mit dem Ereignishorizont und seiner Beziehung zu den bisher besprochenen Größen. Der Ereignishorizont hat in unserer Alltagswelt keine Entsprechung. Per definitionem gibt er für eine kosmische Epoche t die Entfernung an, aus der bei t emittierte Lichtemissionen den Beobachter nicht mehr erreichen können, das heißt, niemals mehr erreichen können, auch gegebenenfalls auf das Signal wartende Nachfahren des Beobachters nicht. Es ist

6.25 $\quad d_{eh}(t) = c \cdot a(t) \cdot \int\limits_{t}^{\infty} \dfrac{dt}{a(t)}$

6.22 entspricht formal dem Vergangenheitslichtkegel eines Beobachters bei $t = \infty$. Wir weisen als Erstes nach, dass 6.22 im Referenzmodell für alle $t \in [0, \infty)$ definiert ist. Wir bedienen uns dazu der zu 5.14 äquivalenten, von der Rotverschiebung z abhängigen, Relation gemäß Tabelle 4.2. Danach ist

6.26 $\quad d_{eh}(z) = \dfrac{c}{H_0} \cdot \dfrac{1}{1+z} \cdot \int\limits_{-1}^{z} \dfrac{dz}{\sqrt{\Omega_{m,0} \cdot (1+z)^3 + \Omega_{\Lambda,0}}}$.

Der zu $t \in [0, \infty)$ äquivalente Wertebereich von z ist $\{z | z \in [-1; \infty)\}$. Wir zeigen also, dass die Relation 6.23 für alle $z \in [-1, \infty)$ einen endlichen Wert besitzt und damit existiert. In der Abbildung 6.6 stellen wir den Verlauf des Integranden für $z \in [-1, \infty)$ dar.

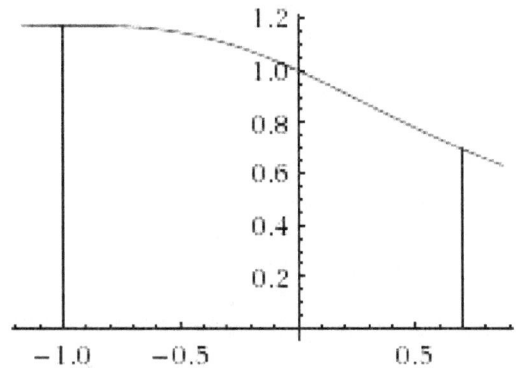

Abbildung 6.6: Integrand für die Berechnung des Ereignishorizonts

Wie man leicht sieht, gilt für alle $z \in (-1, \infty)$

$$\int_{-1}^{z} \frac{dz}{\sqrt{\Omega_{m,0} \cdot (1+z)^3 + \Omega_{\Lambda,0}}} < (1+z) \cdot \frac{1}{\sqrt{\Omega_{\Lambda,0}}}$$

und damit

$$d_{eh}(z) = \frac{c}{H_0} \cdot \frac{1}{1+z} \cdot \int_{-1}^{z} \frac{dz}{\sqrt{\Omega_{m,0} \cdot (1+z)^3 + \Omega_{\Lambda,0}}} < \frac{c}{H_0} \cdot \frac{1}{\sqrt{\Omega_{\Lambda,0}}}$$

und schließlich für alle $z \in [-1, \infty)$

6.27 $\quad d_{eh}(z) < \frac{c}{H_0} \cdot \frac{1}{\sqrt{\Omega_{\Lambda,0}}}.$

Damit besitzt der Ereignishorizont eine endliche obere Schranke in der Größenordnung von ca. 1,17 Hubble-Radien. In der Abbildung 6.7 zeigen wir den Verlauf der Funktion des Ereignishorizonts bis zur gegenwärtigen Epoche t_0. Der besseren Übersicht wegen lassen wir in dieser Abbildung den Partikelhorizont weg. Im Übrigen enthält die Abbildung alle Objekte der Abbildung 6.5. Wir sehen uns beispielsweise die Weltlinie der um $z = 3,0$ rotverschobenen Galaxie an. Sie schneidet die Funktion des Ereignishorizonts bei ca. 9 MrdJ nach dem Urknall. Per definitionem werden keine Lichtemissionen und trivialerweise auch sonst keine Emissionen, die in dieser Epoche emittiert werden, unsere Position jemals erreichen können. Nicht nur, weil unsere Spezies dann mit Sicherheit nicht mehr existieren wird und deshalb auch keine Galaxien mehr beobachten kann, sondern weil uns Lichtsignale in Folge der beschleunigten Expansion nicht mehr erreichen können, systembedingt nicht mehr erreichen können. Ich finde sie außerordentlich aufregend diese Feststellung. Sie relativiert nebenbei bemerkt die Erfolgsaussichten, über den eigenen Horizont hinausschauen zu wollen, um dort Neues zu entdecken. Dieses Unterfangen ist definitiv zum Schteitern verurteilt. Niemand ist in der Lage, über den eigenen Horizont hinaus zu blicken.

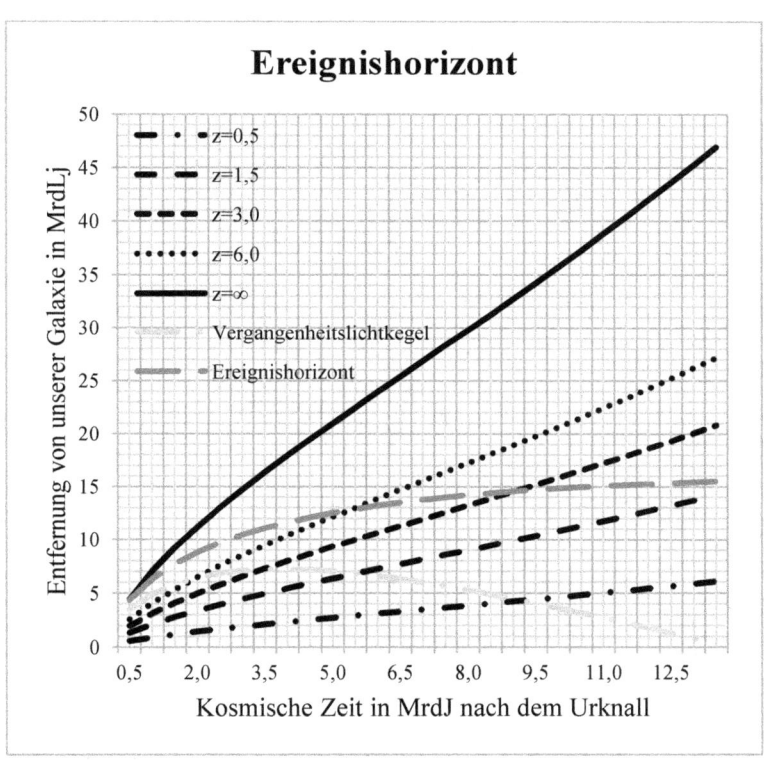

Abbildung 6.7: Ereignishorizont zusammen mit Weltlinien von Galaxien unterschiedlicher Rotverschiebung und dem Vergangenheitslichtkegel

Wir analysieren die Situation am Beispiel der um $z = 3{,}0$ rotverschobenen Galaxie genauer. Der besseren Übersicht wegen stellen wir in der Abbildung 6.8. ausschließlich die Weltlinie dieser Galaxie zusammen mit dem Lichtkegel der gegenwärtigen Epoche und dem Ereignishorizont dar.

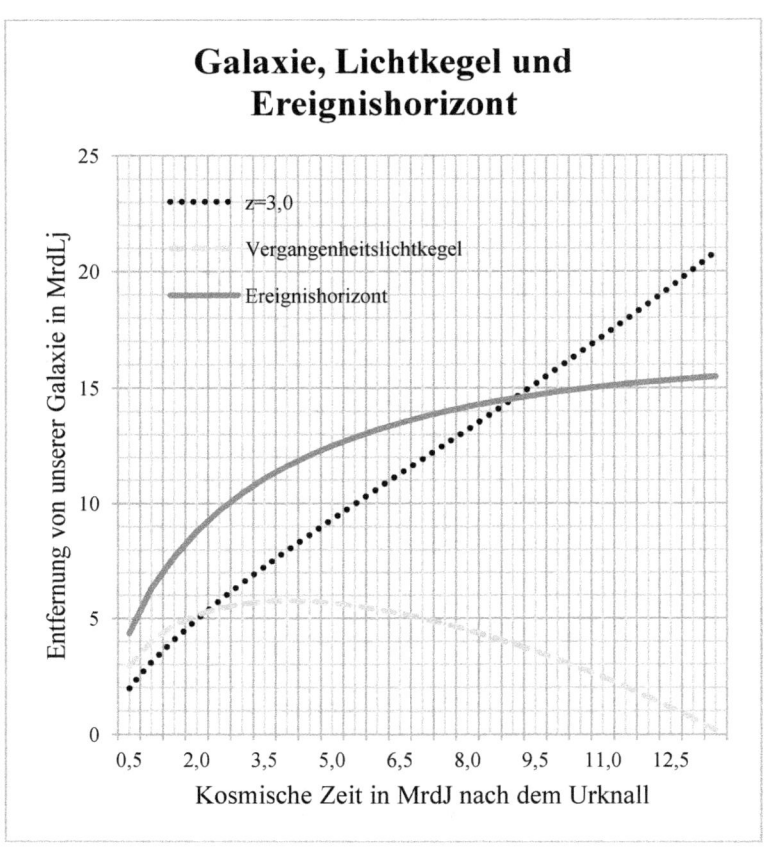

Abbildung 6.8: Galaxie mit Lichtkegel der gegenwärtigen Epoche und Ereignishorizont

Wir betrachten die Schnittpunkte der Weltlinie mit dem Vergangenheitslichtkegel und dem Ereignishorizont. Der Erste liegt bei ca. $t_e \approx 2{,}0$, der Zweite bei ca. $t_E \approx 9{,}0$ MrdJ nach dem Urknall. Die Emissionsepoche der beobachteten Galaxie ist also die Epoche 2,0 MrdJ nach dem Urknall. Einem Beobachter der gegenwärtigen Epoche präsentiert sich die Galaxie also so, wie sie vor nicht ganz 12 MrdJ ausgesehen hat. Wir versetzen uns in eine zukünftige Epoche, zum Beispiel in die Epoche 20

MrdJ nach dem Urknall und ergänzen die Abbildung 6.8 um den Vergangenheitslichtkegel 20 MrdJ nach dem Urknall. Siehe Abbildung 6.9.

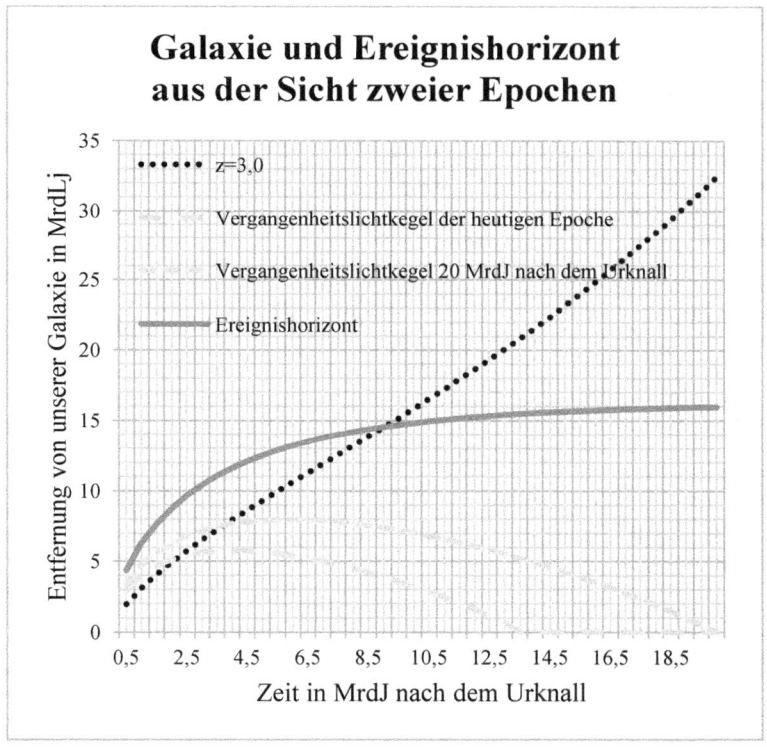

Abbildung 6.9: Galaxie und Ereignishorizont aus der Sicht zweier kosmischer Epochen

Die Emissionsepoche liegt nun bei ca. 4,0 MrdJ nach dem Urknall. Die Galaxie präsentiert sich dem zukünftigen Beobachter ca. doppelt so alt wie dem gegenwärtigen Beobachter. Wir stellen uns erneut die Frage, ob die Galaxie über ihre gesamte Lebenszeit grundsätzlich beobachtbar ist. Wobei wir grundsätzlich so definieren, dass es für jedes Raumzeitereignis ihrer Weltlinie eine Epoche und einen Beobachter gibt, der dieses Raumzeitereignis beobachten kann. Wir wissen, dass diese Forderung sehr theoretisch ist. Aber immerhin, die Frage stellt sich und sie kann im Rahmen des Modells, das wir uns vom Universum machen, beantwortet werden. An früherer Stelle hatten wir schon vermutet, dass die Antwort in Folge der zunehmenden Beschleunigung der Raumexpansion eigentlich nur „nein" heißen kann. Dass diese Vermutung richtig ist, erkennen wir ebenfalls an der Abbildung 6.9. Sie zeigt, dass Photonen, die von der Galaxie bei ca. 9 MrdJ nach dem Urknall emittiert werden, uns, das heißt, unsere Galaxie per definitionem niemals erreichen können. Es ist also die letzten Signale, was wir von dieser Galaxie jemals zu Gesicht bekommen. Photonen, die vor dieser Epoche emittiert werden, erreichen unserer Galaxie irgendwann in einer zukünftigen Epoche. Diese Epoche bezeichnen wir mit $\bar{t}$ und den Schnittpunkt der Weltlinie mit dem Ereignishorizont mit t_{eh}. Daraus folgt: für jede Epoche $t \in [t_e; t_{eh})$ existiert eine Epoche $\bar{t} \in [t_0; \infty)$, sodass

6.28 $\quad c \cdot a(t) \cdot \int_{t_e}^{t_0} \frac{dt}{a(t)} = c \cdot a(t) \cdot \int_{\bar{t}}^{\bar{t}} \frac{dt}{a(t)}$

gilt und damit gleichwertig

6.29 $\quad \int_{t_e}^{t_0} \frac{dt}{a(t)} = \int_{\bar{t}}^{\bar{t}} \frac{dt}{a(t)}$.

6.6 Die Hubble-Radius-Funktion

Den Hubble-Radius r_{H_0} kann man sich als Radius einer Kugel vorstelen, in deren Mittelpunkt wir uns befinden. Galaxien auf dem Rand dieser Sphäre entfernen sich mit Lichtgeschwindigkeit von uns, man sagt ausch transluminar. Jenseits dieser Sphäre entfernen sich Galaxien mit Überlichtgeschwindigkeit, also superluminar, diesseits subluminar, also langsamer als das Licht. Gemäß 3.9 ist

6.30 $\quad r_{H_0} = \dfrac{c}{H_0}$

und verallgemeinert für jede kosmische Epoche t nach 3.13

6.31 $\quad r_H(t) = \dfrac{c}{H(t)}$.

Häufig, dadurch aber nicht weniger unrichtig, wird der Hubble-Radius als Grenze der Sichtbarkeit des Universums bezeichnet. Die Motivation für diese letztlich unrichtige Behauptung liegt auf der Hand. Eine Galaxie auf dem Rand der Hubble-Sphäre entfernt sich mit Lichtgeschwindigkeit von uns. Das von ihr emittierte Licht kann uns deshalb nicht erreichen, so die Argumentation. Wenn man sich die Situation genauer ansieht[2], liegt der Hubble-Radius für jede kosmische Epoche innerhalb des Partikelhorizonts dieser Epoche, so dass für jede kosmische Epoche t

6.32 $\quad r_H(t) < d_{ph}(t)$

gilt und deshalb Galaxien, die sich jenseits der Hubble-Sphäre befinden, im Sinne unserer Definition Teil des sichtbaren Universums sind bzw. sein können. Diese Aussage gilt auch für die gegenwärtige kosmische Epoche. Wenn wir sagen, wir können eine Galaxie jenseits der Hubble-Sphäre beobachten, dann bedeutet das, wie stets, wenn wir Galaxien beobachten: Wir sehen die Galaxie im Zustand ihrer Emissionsepoche. Ihr Detektionsabstand liegt jenseits des Hubble-Radius dieser Epoche. Wir machen uns das noch einmal anhand der Abbildung 6.10 deutlich. Diese zeigt die Hubble-Radius-Funktion, den Verlauf des Partikelhorizonts, den Vergangenheitslichtkegel aus Sicht der gegenwärtigen Epoche und die Weltlinien dreier Galaxien, die um 1,5, 3,0 und 6,0 rotverschoben sind.

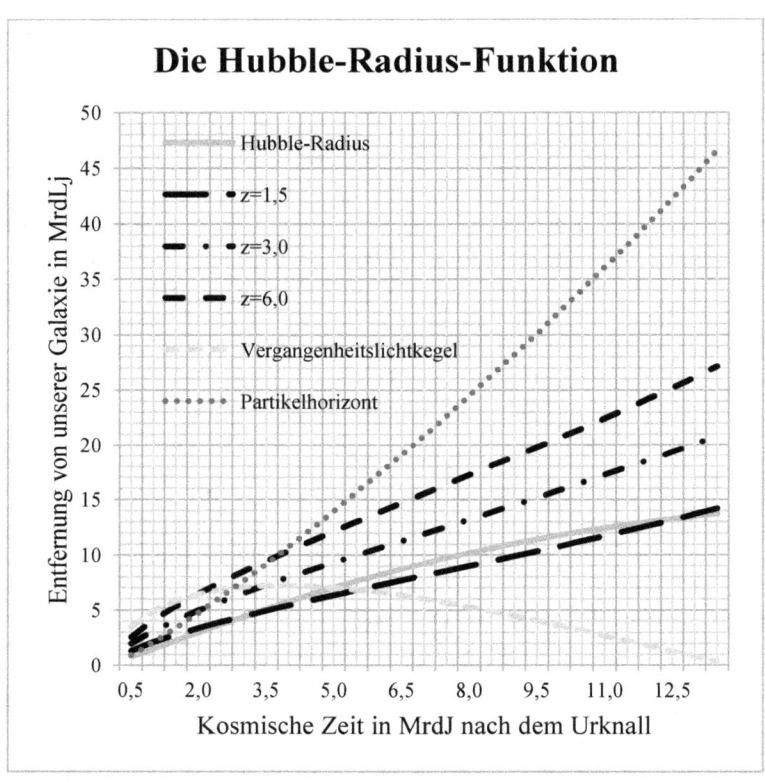

Abbildung 6.10: Hubble-Radius-Funktion mit Partikelhorizont, Lichtkegel und Weltlinien

Die Weltlinien der um 3,0 und 6,0 rotverschobenen Galaxien verlaufen komplett jenseits der Hubble-Radius-Funktion. Die Weltlinie der um 1,5 rotverschobenen Galaxie dagegen schneidet die Hubble-Radius-Funktion gleich zweimal. Außerdem scheint die Hubble-Radius-Funktion mit der kosmischen Zeit einem Grenzwert zuzustreben. Beides ist eine Folge der beschleunigten Expansion und hat mit der bisher geführten Diskussion über die Sichtbarkeit des Universums wenig zu tun. Der Grenzwert lässt sich unmittelbar aus der vom Skalenparameter abhängigen Relation ableiten. Es ist nämlich

6.33 $\quad \lim_{a \to \infty} r_H(a) = \lim_{a \to \infty} \frac{c}{H_0} \cdot \frac{1}{\sqrt{\Omega_{m,0} \cdot a^{-3} + \Omega_{\Lambda,0}}} = \frac{c}{H_0} \cdot \frac{1}{\sqrt{\Omega_{\Lambda,0}}}.$

Mit $\Omega_{\Lambda,0} = 0{,}73$ liegt der Grenzwert bei ca. 1,17 Hubble-Radien. Man kann zeigen[2] dass der Hubble-Radius in jeder kosmischen Epoche auch diesseits des Ereignishorizontes liegt. Gleichzeitig nähert sich der Ereignishorizont mit der kosmischen Zeit dem obigen Grenzwert des Hubble-Radius. In jeder kosmischen Epoche lässt sich also eine Galaxie wählen, deren Distanz von uns zwischen dem Hubble-Radius und dem Ereignishorizont dieser Epoche liegt. Von dieser Galaxie in der jeweiligen Epoche emittierte Photonen, können von einem zukünftigen Beobachter detektiert werden.

Wir versetzen uns nun noch in die ferne kosmische Epoche t_{end} und blicken entlang unseres Vergangenheitslichtkegels in die Vergangenheit. Es gilt

6.34 $\quad L_{C(t_{end})}(t) = c \cdot a(t) \cdot \int_t^{t_{end}} \frac{dt}{a(t)}.$

Der Wert des Vergangenheitslichtkegels bei t eines Beobachters bei $(t_{end};0)$ entspricht also gerade dem Ereignishorizont des Beobachters bei $(t;0)$. Das wissen wir schon. Ungewöhnlich ist nur, dass der Vergangenheitslichtkegel bei $(t_{end};0)$ kein lokales Maximum besitzt. Die lokalen Maxima der Vergangenheitslichtkegel werden mit zunehmender kosmischer Zeit immer weiter in die Zukunft verschoben. Am Ende der Zeit, so könnte man dieses Verhalten interpretieren, gibt es nichts mehr zu sehen. Sämtliche Galaxien haben sich soweit von uns entfernt, dass uns keine Lichtemissionen mehr erreichen können. Das Universum wird ziemlich leer und wir werden ziemlich alleine sein. Das ist keine gute Aussicht. Aber das Universum existiert nicht und verhält sich auch nicht zum Wohle einer Spezies, die es eher per Zufall hervorgebracht hat. Das ist vielleicht die entscheidende Einsicht aus dieser Geschichte. Alles andere sind möglicherweise ausschließlich Wünsche und Sehnsüchte dieser Spezies, die mit der Realität relativ wenig gemein haben.

6.7 Das sichtbare Universum im Überblick

Die Ergebnisse zusammenfassend, stellen wir die Elemente des sichtbaren Universums aus der Perspektive der gegenwärtigen Epoche und aus der Position unserer Milchstraße dar.

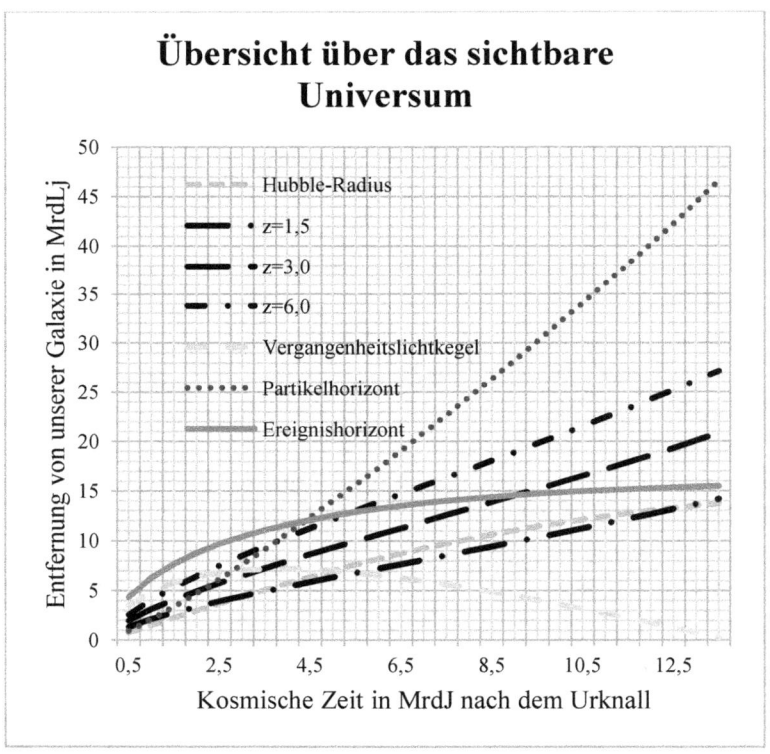

Abbildung 6.11: Das sichtbare Universum im Überblick

Um die Abbildung nicht zu überfrachten, haben wir uns dabei auf die Darstellung der Weltlinien dreier Galaxien beschränkt und zwar auf die Galaxien mit den Rotverschiebungen z=1,5, z=3,0 und z=6,0. Außerdem stellen wir den Vergangenheitslichtkegel der gegenwärtigen Epoche, den Verlauf des Partikelhorizonts, des Ereignishorizonts sowie die Hubble-Radius-Funktion dar.

Wir fassen zusammen:
- ➢ Der Partikelhorizont unserer Epoche ist ca. 47,6 MrdLj von uns entfernt. Wir sehen Galaxien bis zu einer Entfernung von 47,6 MrdLj und blicken gleichzeitig ca. 13,7 MrdJ in die Vergangenheit. Wir wissen, dass diese Aussage insofern theoretisch ist, dass zum Beginn der Zeit noch keine Galaxien existierten und dass sich Licht erst nach der Rekombination, etwa 400.000 Jahre nach dem Urknall, ausbreiten konnte.
- ➢ Der Partikelhorizont ist gleichzeitig die einzige Größe, die uns eine Vorstellung, wenn auch eine nicht mehr vorstelbare Vorstellung, von der Größe des Universums gibt. Das für uns sichtbare Universum können wir uns als eine Kugel mit dem Radius von nicht ganz 50 MrdLj vorstellen, in deren Mittelpunkt wir uns befinden. Damit ist schon das sichtbare Universum nicht mehr vorstellbar groß. Und das ist, nach allem, was wir zu wissen glauben, nur ein winziger Bruchteil unseres Universums, ganz zu schweigen von der möglichen Existenz eines Multiversums, von dem unser Universum wiederum nur ein winziger Teil wäre.
- ➢ Der Durchmesser des für uns sichtbaren Universum vergrößert sich jeden Tag um nicht ganz 9 Lichttage. Dies entspricht in etwa dem 30-fachen des Durchmessers unseres Sonnensystems. Das können wir uns zwar nicht vorstellen, aber beeindruckend ist es doch.
- ➢ Der Ereignishorizont unserer Epoche befindet sich in einer Distanz von ca. 15,5 MrdLj. Das heißt, Photonen, die aus dieser Entfernung heute, also in der gegenwärtigen Epoche, emittiert werden, werden unsere Position niemals bzw. gerade noch erreichen können.
- ➢ Der Radius der Hubble-Sphäre hat in der gegenwärtigen Epoche eine Größe von ca. 13,8 MrdLj. Er repräsentiert insbesondere nicht die Größe des sichtbaren Universums.

➤ Für jede kosmische Beobachtungsepoche t waren alle Raumzeitereigneisse, die „unterhalb" des Lichtkegels liegen, in einer früheren als der Beobachtsepoche beobachtbar. Alle Ereignisse „auf" dem Lichtkegel sind in der jeweiligen Beobachtungsepoche beobachtbar und Ereignisse „oberhalb" des Lichtkegels werden, solange sie „unter" dem Ereignishorizont liegen, in einer späteren Epoche beobachtbar sein. Raumzeitereignisse, die „oberhalb" des Ereignishorizonts liegen, werden niemals beobachtet werden können, systembedingt, nicht weil etwa die Beobachtungstechnik noch nicht soweit ist.

Hinweis:

Die ausgewiesenen Zahlen sind im Rahmen des Referenzmodells stark abhängig von den verwendeten Eingangsparametern $\Omega_{m,0}$, $\Omega_{\Lambda,0}$ und H_0. Diese werden durch zunehmend genauere Messungen zunehmend genauer ausgewiesen, befinden sich also immer noch in „Bewegung". Die Ergebnisse können deshalb im Rahmen der Theorie nur als „ungefähr" eingestuft werden. Im Übrigen ist die Genauigkeit der Zahlen imvorliegenden Zusammenhang nicht relevant.

7 Ausblicke

In diesem Kapitel wagen wir uns zunächst ein wenig hinaus über den Rand der Wissenschaft und sprechen abschließend kurz über einige der noch zu lösenden Aufgaben der Kosmologie.

Die Geschichte des Universums ist mit Sicherheit eine der aufregendsten, die es zu erzählen gibt. Beschäftigt sie sich doch mit den grundlegenden Fragen nach der Entstehung, der Entwicklung und der Zukunft der Welt. Und damit – wenn wir auch nur einen extrem winzigen und sicher auch unwesentlichen Teil dieser Welt ausmachen – auch mit unserer eigenen Herkunft, mit unserem eigenen Hiersein und unserer eigenen Zukunft. Wir wissen nicht, ob wir sie jemals gänzlich verstehen werden, diese Geschichte. Es ist auch nicht sicher, ob es sich um eine endliche Geschichte handelt. Ziemlich sicher ist allerdings, dass sie für unsere Spezies irgendwann zu Ende geht, spätestens dann, wenn sich unser Heimatstern in einen Weißen Zwerg verwandelt hat. Nach allem, was wir wissen, wird das in spätestens 8 Milliarden Jahren der Fall sein. Er wird uns allerdings schon in 500 Millionen Jahren so eingeheizt haben, dass es uns nicht mehr geben wird. Für wahrscheinlicher halte ich es allerdings, dass wir für unseren Untergang dann schon lange selbst gesorgt haben werden. Das ist keine gute Prognose, sie ist auch nicht belegt. Die jüngsten Weltereignisse können diese Einschätzung aber zumindest nicht widerlegen. Dass sich der Mensch außerhalb unseres Sonnensystems aus eigener Kraft eine neue Heimat suchen könnte, ist eine Fiktion. Nach meiner Überzeugung hat sie keine ernst zu nehmende Chance. Ich würde mich gerne eines Besseren belehren lassen. Leider ist mir das aus zeitlichen Gründen verwehrt. Von der Beschäftigung mit der Geschichte des Universums ist es nicht allzu weit zu der Frage nach der Schöpfung und nach einem Schöpfer. Vorausgesetzt es gibt einen Schöpfer, dann ist er notwendigerweise auch verantwortlich für die Gesetze des Kosmos, die die Wissenschaft zu ergründen bemüht ist. Wenn man diesen Standpunkt vertritt, dann stellt sich objektiv die Frage, wer Gott geschaffen hat. Damit ist man aber genauso weit. Einigkeit besteht sicher darüber, dass es eine letzte Instanz gibt, die keines Schöpfers bedarf. Es gibt eigentlich nur zwei Lösungen für diese Frage. Entweder sind es die Naturgesetze, möglicherweise eine Theorie von allem[9], im Englischen „theorie of everything", abgekürzt TOE, oder Gott. Das läuft aber grundsätzlich auf das Gleiche hinaus. Viele Menschen fragen sich allerdings, wo denn überhaupt noch Platz ist für einen Schöpfer, wenn man sich schon mit den Abläufen 10^{-43} Sekunden nahe am Beginn von Raum und Zeit beschäftigt und diese sogar einigermaßen verstanden zu haben oder sich zumindest nicht mehr allzu weit davon entfernt zu befinden glaubt. Viele Wissenschaftler möchten die Frage nach dem physikalischen Beginn von Raum und Zeit und die Frage nach Gott[10] lieber getrennt behandelt wissen. Andere blenden dieses Thema aus. Wieder andere vertreten vehement die Ansicht, dass die Existenz des Universums, seine Entstehung, seine Entwicklung und sein mögliches Ende keines Schöpfers und Planers bedarf. Einer der großen Köpfe, die diese letzte Auffassung vertreten, ist Stephen Hawking[9]. Ich denke, dass es jedenfalls zu einfach ist, die Frage zu ignorieren bzw. ausschließlich einer anderen Fakultät zu überlassen.

Spätestens dann aber, wenn es um das „Verhältnis" zwischen Gott und Mensch geht, können nur die Religionen eine Antwort geben. Spätestens in diesem Kontext trennen sich notwendigerweise die Ziele von Naturwissenschaft und Religion. Das Verhältnis zwischen Gott und Mensch im Diesseits sowie insbesondere auch nicht das im Jenseits, so es denn eines gibt, können durch naturwissenschaftliche Theorien jemals vorhergesagt werden. Darüber zumindest sollte Klarheit bestehen. Das gilt auch für die Annahme der Einflussnahme Gottes auf die laufende Entwicklung der Welt und damit auf die des Menschen. Nach allem, was wir wissen, erfolgt die Entwicklung des Universums, nachdem dieses einmal gezündet war – gegebenenfalls von einem Schöpfer angestoßen oder geboren aus dem Nichts[6,9] – nach naturwissenschaftlichen Gesetzen, ohne jegliche Einflussnahme einer Kraft, die nicht von dieser Welt ist. Dies wird Tag um Tag, Stunde um Stunde von der Wissenschaft, wenn auch zum Teil in mühsamen Schritten und nicht ohne Rückschläge nachgewiesen.

Zusammenfassend lässt sich die Existenz Gottes als Schöpfer und unpersönlicher Weltengeist gegebenenfalls plausibilisieren[3]. Alles andere ist Aufgabe der Religionen und ausschließlich eine Sache des Glaubens.

An einer Diskussion möchte ich mich abschließend aber noch beteiligen. Es ist die Diskussion über die auf die Existenz des Universums in seiner heutigen Form, insbesondere auf die Existenz des Lebens, scheinbar nahezu 100 Prozent abgestimmten Umgebungsbedingungen, Naturgesetzte und Naturkonstanten. Und damit über die Frage, ob dahinter eine Absicht bzw. das zielgerichtete Handeln eines übernatürlichen Wesens steht oder der Zufall sein Spiel treibt bzw. getrieben hat und es „natürliche", also eine naturwissenschaftliche Interpretation gibt. Wir tasten uns vor. Genau genommen unterscheidet man zwei Ebenen der Abstimmung[9]. Das ist einerseits die Abstimmung der sogenannten habitablen Parameter, die beispielsweise von Hawking Umweltparameter genannt werden und Leben auf einem Planeten ermöglichen und andererseits die Abstimmung der universell, also universumweit geltenden Naturkonstanten und Parameter, die es erlauben, das Universum, das wir beobachten, zu erklären.

Wir beschäftigen uns zunächst mit den Umweltparametern. Diese sind nicht einfach festzulegen und auch weit davon entfernt, komplett definiert zu sein. Wir gehen nur beispielhaft auf drei der Parameter ein, wie sie zum Beispiel von Hawking[9] behandelt werden. Damit sich Leben wie wir es kennen, auf einem Planeten entwickeln kann, muss das Zentralgestirn wahrscheinlich ein Einsternsystem und darf die Umlaufbahn des Planeten nicht allzu exzentrisch sein. Der Planet muss sich gleichzeitig in der habitablen Zone des Sterns aufhalten. Wir gehen grob auf die zugrunde liegende Argumentation ein.

Einsternsystem

Ein Einsternsystem verfügt über genau ein zentrales Gestirn, das gegebenenfalls von einem oder auch von mehreren Planeten umrundet wird. Man kann zeigen[9], dass es schon bei dem einfachsten Mehrsternsystem, einem Doppelsternsystem, für einen möglichen Planeten nur wenige Bahnen gibt, die halbwegs stabile Umweltbedingungen generieren. Bei den meisten möglichen Bahnen wechseln Zeiträume extremer Kälte mit

Zeiträumen extremer Hitze, die die Entwicklung höherer Lebensformen mit hoher Wahrscheinlichkeit nicht ermöglichen.

Exzentrizität der Umlaufbahn

Den newtonschen Gesetzen folgend ist eine Umlaufbahn entweder nahezu kreisförmig oder elliptisch. Bei einer elliptischen Bahn befindet sich das Zentralgestirn in einem der Schnittpunkte der kleinen und großen Achse der Umlaufbahn. Kreisförmige Bahnen sind von minimaler Exzentrizität. Ihre Exzentrizität ist gleich null. Die Entfernung des Planeten vom Zentralgestirn ist immer gleich groß und die dadurch generierten Umweltbedingungen potenziell stabil. Eine stark elliptische Bahn hat dagegen eine hohe Exzentrizität. Sie ist gegenüber der Kreisbahn stark abgeflacht. Während des Planetenumlaufs gibt es deshalb Zeiträume, in denen der Planet sehr nahe an das Zentralgestirn herankommt, und Zeiträume, in denen er sich sehr weit von ihm entfernt. In einem habitablen System sollte die Exzentrizität nicht allzu groß sein.

Habitable Zone

Die Masse des Zentralgestirns und daraus resultierend die Energie, die es abstrahlt, bestimmen die habitable Zone der das Gestirn umkreisenden Planeten. Ein habitabler Planet kann sich nur in einem bestimmten Abstandsbereich zum Zentralgestirn aufhalten. Insbesondere sollte in diesem Bereich Wasser in flüssiger Form vorkommen. Man weiß, dass die Größe der habitablen Zone mit der Größe des Zentralgestirns wächst[9]. Bei unserer Sonne, die als Stern mittlerer Größe gilt, ist die habitable Zone denkbar klein. Glücklicherweise liegt unsere Erde, wie wir wissen, innerhalb dieser Zone. Alle anderen Planeten unseres Sonnensystems liegen offensichtlich außerhalb dieses Bereichs unserer Sonne.

Es ist nachvollziehbar, dass man angesichts der scheinbar exakt auf unsere Existenz abgestimmten Parameter – wir haben nur drei davon betrachtet, aber es gibt viele weitere – die Idee einer Absicht kreiert und unsere Existenz dieser Absicht zuschreibt. In der Regel wird dafür ein göttlicher Schöpfer verantwortlich gemacht, der aber nicht nur als allmächtiger Schöpfer angesehen wird, sondern auch als Begleiter, Trostspender und Richter des Menschen.

Nun weiß man, dass unsere Milchstraße als mittlere Galaxie ca. 10^{11} Sonnen enthält. Davon sind viele größer als unsere Sonne, viele haben aber auch ihre Größenordnung[3]. Die Anzahl der Galaxien innerhalb des sichtbaren Universums schätzt man auf einige 100 Milliarden. Wenn wir unterstellen, dass die meisten davon die Größenordnung unserer Milchstraße besitzen, müssen wir mit einer Größenordnung von 10^{22} Sonnen innerhalb des sichtbaren Universums rechnen und damit auch mit unzählbar vielen Planeten. Inzwischen hat man Hunderte extrasolarer Planeten entdeckt, darunter mindestens einen, der mit hoher Wahrscheinlichkeit habitabel ist. Unter diesem Aspekt verliert die Idee, dass unserer Existenz ein Plan zugrunde liegt, zwangsläufig an Attraktivität. Wenn wir uns selbst, als Bewohner des Planeten Erde, weniger wichtig nähmen – wozu wir in der Vergangenheit aufgrund des Fortschritts in der naturwissenschaftlichen Forschung schon viele Male gezwungen wurden –, dann könnte man die Idee eines Plans aufrechterhalten, der dem ganzen Universum und der Existenz aller gegebenenfalls existenten Lebensformen zugrunde liegt. Wir formulieren eine vom sogenannten „intelligent design" abweichende These[9]:

These A

Im Universum existiert eine Unzahl von Planeten unterschiedlichster Art. Einige davon sind habitabel und auf mindestens einem hat sich Leben, so wie wir es kennen, insbesondere menschliches Leben, entwickelt.

Unter Anwendung dieser These kommt man ohne einen unserer Existenz zugrunde liegenden Plan aus. Sie ist zumindest eine Alternative zum „intelligenten Entwurf".

Wir widmen uns nun der zweiten Kategorie von Parametern, deren auf die Existenz des Universums, so wie wir es beobachten, scheinbar extrem feine Abstimmung die Idee einer zugrunde liegenden Absicht noch ungleich mehr verstärkt. Es handelt sich um die vermeintlich extrem fein abgestimmten Naturkonstanten.

Zunächst muss geklärt werden, ob das Problem der „Feinabstimmung" überhaupt existent ist. Feinabstimmung bedeutet etwas genauer, dass

Naturkonstanten innerhalb der existierenden physikalischen Theorien extrem genau abgestimmt zu sein scheinen, um den Zustand des beobachteten Universums erklären zu können. Nicht unbedingt ausgemacht ist allerdings, ob die Feinabstimmung tatsächlich vorhanden ist oder ob die physikalischen Theorien nur unzulänglich sind und die Feinabstimmung infolge dieser Unzulänglichkeit nur scheinbar ist. Wenn wir davon ausgehen, dass das Problem der Feinabstimmung nicht existent ist, dann sind wir eigentlich fertig, das heißt, wir sollten uns nicht wundern. Wir sollten „nur" noch unsere Theorien verbessern. Allerdings hat sich die Ansicht von der Feinabstimmung durchgesetzt. Fein abgestimmt gelten unter anderem Parameter wie[9] die Expansionsrate, die kosmologische Konstante, die Masse des Protons und des Neutrons, die Stärke der elektromagnetischen Kraft, die Stärke der starken Kernkraft, die Anzahl der Raumdimensionen.

Wir gehen nicht auf eine detaillierte Diskussion zu den einzelnen Größen ein[9] und stellen nur fest, dass Leben – zumindest so wie wir es kennen – in vielen Fällen mit hoher Wahrscheinlichkeit nur sehr geringe Abweichungen von den bekannten Parameterwerten zulässt. Maximal erstaunlich ist auch in diesem Kontext der Wert der kosmologischen Konstante Λ. Wäre sie nur geringfügig größer als ihr zurzeit angenommener Wert von $10^{-35}s^{-2}$, so wäre das Universum schon längst auseinandergeflogen und mit großer Wahrscheinlichkeit nicht in der Lage gewesen, eine Umgebung, so wie wir sie beobachten, und insbesondere keine irgendwie geartete Form von Leben hervorzubringen. Wir können, ohne über mögliche physikalische Theorien zu spekulieren, folgende These formulieren, die zu der oben formulierten These A analog ist:

These B

Es gibt eine Unzahl von Universen, in denen die unterschiedlichsten Naturkonstanten gelten. Mindestens eines davon ist partiell habitabel und hat Leben, wie wir es kennen, insbesondere menschliches Leben, entstehen lassen.

Im Gegensatz zu unserer ersten These, die vom Grundsatz her und mit hoher Wahrscheinlichkeit auch irgendwann einmal nachprüfbar sein wird, gilt für die hier formulierte, dass wir sie niemals beweisen können.

Wir sind nämlich als Bewohner unseres Universums in diesem „gefangen" und haben keine Möglichkeit, außerhalb von ihm stattfindende Ereignisse zu beobachten. Wir werden also niemals ein anderes Universum als das, in dem wir existieren, beobachten können. Das ist zumindest die verbreitete Ansicht der aktuellen Wissenschaft. Es besteht aber die berechtigte Hoffnung, dass es eine physikalische Theorie geben wird, die die obige These stützen kann. Die Theorie, die dafür aus heutiger Sicht wohl am ehesten infrage kommt, ist die sogenannte M-Theorie[9]. Die formulierte These B ist nicht aus der Luft gegriffen. Vielmehr resultiert sie aus den jüngsten theoretischen Überlegungen[9], die sich mit der „Aufwicklung" der außerhalb der drei bekannten Raumdimensionen liegenden und nicht sichtbaren 11 Extradimensionen beschäftigen. Für diese Aufwicklung existieren bis zu 10^{500} Möglichkeiten. Damit sind bis zu 10^{500} mögliche unterschiedliche Sätze von Naturgesetzen inklusive ihrer Naturkonstanten und damit bis zu 10^{500} unterschiedliche Universen denkbar. Von den Wissenschaftlern wurde in diesem Zusammenhang der Begriff Multiversum erfunden. Das klingt äußerst abenteuerlich und wir fühlen uns nicht in der Lage, diese von hochrangigen Wissenschaftlern entwickelten Ideen, zu bewerten und schon gar nicht, sie leichtfertig zu verwerfen oder anzunehmen. Mit dem Multiversum-Konzept wird die Feinabstimmung der physikalischen Gesetze und Konstanten auf die gleiche Ebene wie die Umweltmerkmale zurückgeführt. Unser Habitat, nun allerdings das gesamte Universum, ist nur eines von unzählbar vielen. Das ist die Quintessenz dieser fantastisch anmutenden Überlegungen, die letztlich die für unsere Existenz günstigen Bedingungen erklären können. Nach Hawking handelt es sich dabei nicht um nicht belegbare Legenden und Erfindungen, die das „Wunder" der Feinabstimmung erklären sollen, sondern um eine notwendige Konsequenz[9] „moderner kosmologischer Theorien".

Kehren wir auf diese Welt zurück zu den kosmologischen Fragen, die noch zu lösen sind. Man kann mit Fug und Recht behaupten, dass die Kosmologie vor gewaltigen Aufgaben steht. Das gilt ungeachtet der riesigen Fortschritte, die sie innerhalb des vergangenen Jahrhunderts und innerhalb des ersten Jahrzehnts dieses Jahrhunderts gemacht hat. Die anhaltende Unklarheit über die Konstitution der ausschließlich aufgrund ihrer gravitativen Wechselwirkung postulierten Dunklen Materie sowie die Unklarheit über die Ursache für die wohl zweifelsfrei beobachtete beschleunigte Expansion des Universums warten darauf, aufgeklärt zu werden. Andernfalls, so muss man befürchten, wird die Kosmologie in eine Krise geraten. Sie läuft Gefahr, trotz ihrer Erfolge, zu einer spekulativen Pseudowissenschaft zu verkommen, wenn sie fortwährend neue theoretische Spekulationen über die Entstehung der Welt, über Multiversen und über die Zeit vor dem Urknall generiert, ohne dass die alten Fragen gelöst sind. Das schadet der Wissenschaft und setzt ihre Glaubwürdigkeit aufs Spiel. Das soll heißen, dass den theoretischen Entwicklungen und Überlegungen unbedingt experimentelle Nachweise folgen müssen.

Die Zweifel an der Existenz der Dunklen Materei nehmen indessen zu. Unabhängig davon, ob sie berechtigt sind, rütteln sie gehörig an den Schwerkraftgesetzen und damit nicht zuletzt an den newtonschen Gravitationsgesetzen und an der Allgemeinen Relativitätstheorie. Dagegen kommen die Zweifler verständlicherweise nur schwer an. Aber auch das Standardmodell der Kosmologie müsste Federn lassen. Die Kosequenzen sind nur schwer vorhersagbar. Schon in den 1980er Jahren wurde von dem israelischen Physiker Milgrom eine alternative Gravitationstheorie entworfen. Die sogenannte MOND-Theorie – MOND von „modified newtonsche dynamic" – ist zwar in der Lage, einige der Probleme zu lösen, hat aber zum Beispiel bei der Erklärung der Lichtablenkung durch Galaxienhaufen – Stichwort Gravitationslinseneffekt – Schwierigkeiten. Die Geschichte ist augenscheinlich noch lange nicht zu Ende.

Von den am LHC in Genf geplanten Experimenten erhofft sich die Wissenschaft auch für die Kosmologie relevante Erkenntnisse. Dazu zählt unter anderem die Verifikation des supersymmetrischen Teilchenmodells. Dieses Modell ist eine Erweiterung des Standardmodells der Teilchentheorie, dessen letzter noch fehlender Baustein, das Higgs-Teilchen, im Juli 2012 am LHC nachgewiesen wurde. Der britische Physiker Peter Higgs hatte es zusammen mit dem Belgier Francois Englert und dem US-Amerikaner Robert Brout bereits in den 1960er Jahren im Rahmen des sogenannten Higgs-Mechanismus postuliert und durfte seinen Nachweis 83-jährig erleben. Die beiden Physiker Higgs und Englert – Brout ist 2011 verstorben – bekamen 2013 den Nobelpreis für Physik dafür. Das leichteste supersymmetrische Teilchen gilt unter anderen als Kandidat für die Dunkle Materie. Es hat im supersymmetrischen Modell eine hinreichend große Masse und keine elektrische Ladung und ist damit „dunkel". Es wäre tatsächlich ein großer Schritt, wenn das supersymmetrische Modell verifiziert werden könnte. Eine Sensation wäre es hingegen, wenn das Rätsel der dunklen Materie gelöst würde. Eine weitere Erwartung an die Experimente am LHC sind Hinweise auf, gegebenenfalls sogar der Nachweis der möglichen Existenz eines Quark-Gluon-Plasmas, wie es der Theorie über das früheste Universum folgend in der Quark-Ära bestanden hat.

Dass man von den Experimenten am LHC auch Neues über die Dunkle Energie bzw. über die Ursache der seit ca. 7 Milliarden Jahren beschleunigt ablaufenden Expansion des Universums gewinnt, ist sehr unwahrscheinlich. Das Problem der Dunklen Energie ist zunächst einmal ein Problem der theoretischen Physik. Es existieren zwar Ansätze und Ideen zur physikalischen Interpretation der kosmologischen Konstante. Ein wirklich Erfolg versprechender Vorschlag ist aber bisher nicht in Sicht. Der Versuch, die kosmologische Konstante bzw. Dunkle Energie mit Unterstützung der sogenannten Quantenfeldtheorie als Energie des Vakuums zu deuten, führt zu einer Diskrepanz zwischen der theoretisch ermittelten und der beobachteten Energiedichte in Höhe von 120 Größenordnungen[9]. Durch eine etwas genauere Betrachtung[11] kommt man zwar zu einem etwas kleineren Verhältnis zwischen den betrachteten Größen. Der Faktor liegt aber immer noch bei einigen Zehnerpotenzen. Auch mit anderen Ansätzen ist es bisher nicht gelungen, den entscheidenden Durchbruch in der physikalischen Deutung der kosmologischen Konstante zu erzielen. Das Problem hat deshalb auch einen Namen. Es ist das „cosmological constant problem". Ungeachtet dessen sind Experimente geplant, die die festgestellte beschleunigte Expansion des Universums verifizieren und genauer als bisher ausmessen sollen.

Insgesamt bleibt das Thema extrem spannend. Aber wie es aussieht, braucht es auch seine Zeit. Auguren, die das Ende der Forschung und die Theorie von allem schon greifbar nahe sehen, werden – das ist meine persönliche Einschätzung – nicht recht behalten und noch etwas warten müssen. Unglücklicherweise werde ich mich aus persönlichen und zeitlichen Gründen von dieser Einschätzung nicht mehr selbst überzeugen können.

Anhang

A Physikalische Gesetze

In dieser Anlage behandeln wir relativ knapp die physikalischen Gesetzmäßigkeiten, die Grundlage sind für das Verständnis der dargestellten kosmologischen Sachverhalte.

Das Dopplergesetz

Ein wichtiges physikalisches Gesetz, das Grundlage für kosmologische Beobachtungen ist, ist das Dopplergesetz. Der sogenannte Dopplereffekt beschreibt das Verhalten von Wellen, die von einem relativ zum Beobachter bewegten Objekt emittiert werden. Wir kennen diesen Effekt aus der alltäglichen Erfahrung. Stellen wir uns dazu einen Streifenwagen vor, der mit eingeschaltetem Signalhorn auf uns zu kommt, an uns vorbei fährt und sich schließlich von uns entfernt. Kommt der Streifenwagen auf uns zu, erreichen uns die Wellenberge zunehmend schneller. Das Signal wird schriller. Wenn sich der Streifenwagen von uns entfernt, erreichen uns die Wellenberge in größeren Zeitabständen. Das Signal klingt zunehmend tiefer. Quantitativ lässt sich diese Beobachtung für elektromagnetische Wellen – nur für diese interessieren wir uns im vorliegenden Zusammenhang – wie folgt formulieren:

Doppler-Effekt

Sei v die Geschwindigkeit eines relativ zu einem Beobachter in radialer Richtung bewegten Objekts und λ_e die Wellenlänge eines von dem Objekt emittierten elektromagnetischen Signals, dann gilt für die beim Beobachter ankommende Wellenlänge λ_0 die Doppler-Beziehung

A.1
$$\frac{\lambda_0}{\lambda_e} = \frac{1 + \frac{v}{c}}{\sqrt{1 - \left(\frac{v}{c}\right)^2}}$$

Ist die Geschwindigkeit v des Objekts sehr klein gegenüber der Lichtgeschwindigkeit, das heißt, $v \ll c$, so gilt näherungsweise

A.2 $\quad \dfrac{\lambda_0}{\lambda_e} \approx 1 + \dfrac{v}{c}$

und damit

A.3 $\quad \dfrac{\lambda_0}{\lambda_e} - 1 = \dfrac{\lambda_0 - \lambda_e}{\lambda_e} \approx \dfrac{v}{c}$.

A.2 heißt auch relativistische und A.3 klassische Doppler-Beziehung.

Gesetze der klassischen Physik

Die kosmologischen Gleichungen, die im Kapitel 2 behandelt werden und Grundlage sind für so gut wie alle dann noch abgeleiteten Relationen, sind Lösungen der Feldgleichungen der allgemeinen Relativitätstheorie unter der Annahme eines homogenen und isotropen Universums. Sie lassen sich grundsätzlich aber auch auf Basis der klassischen Physik herleiten, sodass man auf die ungleich komplexere Beschäftigung mit der allgemeinen Relativitätstheorie verzichten kann. Das gilt jedenfalls im vorliegenden Zusammenhang. Die für die klassische Herleitung notwendigen Gesetzmäßigkeiten werden im Folgenden zusammengestellt.

Das newtonsche Gravitationsgesetz

Sei m eine Probemasse in einem von der kugelförmigen Masse M generierten Schwerkraftfeld im Abstand r, dann gilt für die zwischen den Massen wirkende Schwerkraft F_g

A.4 $\quad F_g = G \cdot \dfrac{m \cdot M}{r^2}$.

Dabei ist G die newtonsche Gravitationskonstante (siehe Anhang B).

Das newtonsche Beschleunigungsgesetz

Sei F eine Kraft, die auf eine Masse m wirkt und diese mit der Beschleunigung a beschleunigt, dann gilt zwischen diesen Größen die Beziehung

A.5 $\quad F = m \cdot a$.

Die Zentrifugalkraft

Eine Masse m, die sich mit der Tangentialgeschwindigkeit v auf einer Kreisbahn im Abstand r zum Kreismittelpunkt bewegt, generiert eine nach außen, vom Mittelpunkt weg, gerichtete Kraft F_z mit

A.6 $\quad F_z = \dfrac{m \cdot v^2}{r}$.

Die potenzielle Energie in einem Gravitationsfeld

Sei m eine Probemasse, die sich in einem von der kugelförmigen Masse M generierten Schwerkraftfeld im Abstand r aufhält, dann gilt für die potenzielle Energie E_{pot} der Masse m

A.7 $\quad F_{pot} = G \cdot \dfrac{M \cdot m}{r}$.

Die kinetische Energie

Eine Masse m bewege sich mit der Geschwindigkeit v. Für die kinetische Energie, auch Bewegungsenergie, E_{kin} der Masse m gilt dann

A.8 $\quad F_{kin} = \dfrac{1}{2} \cdot m \cdot v^2$.

Die Ruheenergie

Eine ruhende Masse m hat die Ruheenergie E_r (einsteinsche Formel) mit

A.9 $\quad E_r = m \cdot c^2$.

Die Kreisbahngeschwindigkeit

Die Kreisbahngeschwindigkeit v_k – auch erste kosmische Geschwindigkeit – ist die Geschwindigkeit, die eine Masse m in einem von der kugelförmigen Masse M generierten Schwerefeld im Abstand r auf einer Kreisbahn hält. Es gilt

A.10 $\quad v_k = \sqrt{\dfrac{G \cdot M}{r}}$.

Die Flucht- oder Entweichgeschwindigkeit

Die Fluch- oder Entweichgeschwindigkeit v_e – auch zweite kosmische Geschwindigkeit – ist die Geschwindigkeit, mit der eine Masse m das von einer kugelförmigen Masse M generierte Schwerefeld in radialer Richtung verlassen kann. Es gilt

A.11 $\quad v_e = \sqrt{\dfrac{2 \cdot G \cdot M}{r}}$.

Gesetze der Thermodynamik

Die Gesetze der Thermodynamik lassen sich auf die Frühphase des Universums anwenden, da das Universum in seinen Anfängen aus einem Gas relativistischer Teilchen bestand hat. Andererseits wird das Universum der materiedominierten Phase auf großen Skalen (≥ 100 Mpc) dadurch modelliert, dass die Galaxien als Moleküle eines Gases angesehen werden, sodass auch in diesem Fall die Gesetze der Thermodynamik angewendet werden können. Wir zitieren für diese Anwendungen die ideale Gasgleichung, den Gleichverteilungssatz und den ersten Hauptsatz der Thermodynamik. Außerdem werden die Eigenschaften der Strahlung eines schwarzen Körpers, der sogenannten Schwarzkörper- oder auch Hohlraumstrahlung besprochen. Abschließend gehen wir noch auf die Äquivalenz von Wärme und Energie ein.

Die ideale Gasgleichung

Sei V ein beliebiges Raumvolumen, das mit einem Gas der Temperatur T gefüllt ist, p der im System herrschende Druck und n die Anzahl der Gasmoleküle. Dann gilt die Ideale Glasgleichung

A.12 $\quad p \cdot V = n \cdot k_B \cdot T$.

Dabei ist k_B die nach dem Physiker Boltzmann benannte Boltzmann-Konstante mit

A.13 $\quad k_B \approx 8{,}617 \cdot 10^{-5} \ eV \cdot K^{-1}$.

Gleichverteilungssatz

Sei m die mittlere Molekülmasse der Moleküle eines idealen Gases, v deren mittlere Geschwindigkeit und T die Temperatur des Gases, dann gilt der Gleichverteilungssatz

A.14 $\quad \dfrac{1}{2} \cdot m \cdot v^2 = \dfrac{3}{2} \cdot k_B \cdot T$.

Aus den beiden Relationen A.13 und A.14 folgt für den Druck p

A.15 $\quad p = \dfrac{n \cdot k_B \cdot T}{V} = \dfrac{1}{3} \cdot \dfrac{n \cdot m}{V} \cdot v^2 = \dfrac{1}{3} \cdot \delta \cdot v^2$.

Dabei ist δ die Dichte des Gases.

Eine weitere Gesetzmäßigkeit aus der Thermodynamik ist der 1. Hauptsatz der Thermodynamik. Er beschreibt den Zusammenhang zwischen der Volumenänderung und dem Energiezuwachs bei einem unter Druck stehenden und sich ausdehnenden System.

Erster Hauptsatz der Thermodynamik

Sei p der in einem abgeschlossenen System herrschende Druck, dV die durch den Druck induzierte Volumenänderung und dE die Änderung der Energie des Systems, dann gilt

A.16 $\quad p \cdot dV + dE = 0$.

Hinweis:

Bei A.16 handelt es sich um einen Spezialfall des Ersten Hauptsatzes. Er gilt in dieser Form – rechte Seite = 0 – nur für sich adiabatisch ausdehnende Systeme. Dabei bedeutet adiabatisch reversibel in dem Sinne, dass bei einer Umkehr der Ausdehnung die Energie zurückgewonnen wird. Da es sich im Zusammenhang mit der Ausdehnung des Kosmos um eine adiabatische Expansion handelt[3], führt diese Einschränkung in vorliegenden Kontext zu keinem Nachteil.

Im Zusammenhang mit der Relation zwischen der Skalenfunktion und der Rotverschiebung wird die Energie eines Photons in Abhängigkeit von der Wellenlänge benötigt.

Energie eines Photons

Für die Energie E eines Photons gilt

A.17 $\quad E = h_p \cdot v = h_p \cdot \dfrac{c}{\lambda},$

wobei h_p das plancksche Wirkungsquantum mit

A.18 $\quad h_p \approx 4{,}136 \cdot 10^{-15} eV \cdot s^{-1},$

v die Strahlungsfrequenz und λ die Wellenlänge ist.

B Maßeinheiten und Konstanten

In der vorliegenden Anlage stellen wir die benötigten physikalischen Einheiten und Konstanten zusammen.

Zeit

Die Einheit für die Zeit ist die Sekunde. Kosmologische Zeiträume werden oft auch in Zehnerpotenzen eines Jahres angegeben. Es gilt

B.1 $1 \text{ Jahr} \approx 3{,}156 \cdot 10^7 \text{ s}$.

Länge

Die Maßeinheit für die Länge ist das Meter. In der Kosmologie spielen die Einheiten Lichtjahr, abgekürzt Lj und Parsec, abgekürzt pc bzw. Megaparsec, abgekürzt Mpc eine wichtige Rolle. Es gilt

B.2 $1 \text{ Lj} \approx 9{,}461 \cdot 10^{15} \text{ m}$

B.3 $1 \text{ pc} \approx 3{,}262 \text{ Lj}$

B.4 $1 \text{ Mpc} = 10^6 \text{ pc}$.

Lichtgeschwindigkeit

Die Geschwindigkeit c des Lichts im Vakuum beträgt

B.5 $c \approx 299.792{,}458 \text{ m} \cdot \text{s}^{-1}$.

Im vorliegenden Zusammenhang wird mit der Näherung

B.6 $c \approx 3 \cdot 10^8 \text{ m} \cdot \text{s}^{-1}$

gerechnet.

Kraft

Die Einheit für die Kraft ist das Newton. Ein Newton ist die Kraft, die notwendig ist, um eine Masse von einem Kilogramm auf einen Meter pro Sekunde im Quadrat zu beschleunigen. Die kleinere Einheit heißt dyn. Ein dyn ist die Kraft, die notwendig ist, um eine Masse von einem

Gramm auf einen Zentimeter pro Sekunde im Quadrat zu beschleunigen. Es gilt

B.7 $1 \text{ Newton} = 10^5 \text{ dyn}$.

Masse und Energie

Die Einheit für die Masse ist das Kilogramm, abgekürzt kg. Rechnet man nach der einsteinschen Formel $E_r = m \cdot c^2$ eine gegebene Masse m von einem kg in Energie um, so erhält man die Energie in der Einheit Joule (J). Ein Joule ist die Energie, um eine Kraft von einem Newton über eine Entfernung von einem Meter aufzubringen bzw. eine Masse von einem Kilogramm über eine Länge von einem Meter mit einer Beschleunigung von einem Meter pro Sekunde im Quadrat zu bewegen. Die kleinere Einheit für die Energie ist erg. Ein erg ist die Energie, die notwendig ist, um eine Kraft von einem dyn über die Entfernung von einem Zentimeter aufzubringen bzw. eine Masse von einem Gramm über eine Länge von einem Zentimeter mit einer Beschleunigung von einem Zentimeter pro Sekunde im Quadrat zu bewegen.

Eine weitere wichtige Energieeinheit ist das Elektronenvolt. Ein Elektronenvolt ist definiert als die Energie, die ein Teilchen mit der elektrischen Ladung eines Elektrons gewinnt, wenn es im Vakuum über eine Spannung von einem Volt beschleunigt wird. Ein Elektronenvolt eV entspricht Joule:

B.8 $1 \text{ eV} = 1{,}6022 \cdot 10^{-19} \text{ J}$.

Die Gravitationskonstante

Die Gravitationskonstante G hat den Wert

B.9 $G \approx 6{,}67428 \cdot 10^{-11} \text{ m}^3 \cdot \text{kg}^{-1} \cdot \text{s}^{-2}$.

Die Boltzmann-Konstante

Die Boltzmann-Konstante k_B hat den Wert

B.10 $k_B \approx 8{,}617343 \cdot 10^{-5} \text{ eV} \cdot \text{K}^{-1}$

bzw.

B.11 $\quad k_B \approx 1{,}3806504 \cdot 10^{-23} \text{J} \cdot \text{K}^{-1}$.

Die Planck-Konstante

Die Planck-Konstante h_p hat den Wert

B.12 $\quad h_p \approx 2 \cdot \pi \cdot 1{,}054571628 \cdot 10^{-34} \text{J} \cdot \text{s}$

bzw.

B.13 $\quad h_p \approx 2 \cdot \pi \cdot 6{,}58211899 \cdot 10^{-16} \text{eV} \cdot \text{s}$.

LITERATURVERZEICHNIS

1: Becker, Klaus: Das expanierende Universum, Eine mathematische Reise durch die Zeit, Pro BUSINESS Verlag, Berlin 2011, ISBN 978-3-86805-870-3

2: Becker, Klaus: Das sichtbare Universum, Beobachtungen im expandierenden Universum, BoD-Verlag, Norderstedt 2014, ISBN 978-3-73229-652-1

3: Becker, Klaus: Ein Weltbild ohne Legenden, Plädoyer für ein realistisches Weltbild, BoD-Verlag, Norderstedt 2014, ISBN 978-3-7322-8582-2

4: Goeke, Klaus: Einführung in die Kosmologie, Vorlesung SS 2005; Ruhr-Universität Bochum, Bochum 2005

5: Greene, Brian: Der Stoff, aus dem der Kosmos ist, Raum, Zeit und die Beschaffenheit der Wirklichkeit, Pantheon Verlag, München 2006, ISBN 3-570-550002-8

6: Guth, Alan: Die Geburt des Kosmos aus dem Nichts Die Theorie des inflationären Universums; Droemersche Verlagsanstalt Th. Knaur Nachf., München 2002, ISBN 3-426-77610-3

7: Harrison, Edward: Cosmology The science of the Universe, 2. Edition, Cambridge University Press, Cambridge 1981, 2000, ISBN 0-521-66148

8: Hawking, Stephen W.: Eine kurze Geschichte der Zeit Die Suche nach der Urkraft des Universums; Rowohlt Verlag GmbH, Reinbeck bei Hamburg 1988, ISBN 3-498-028847

9: Hawking, Stephen W.: Der Große Entwurf Eine neue Erklärung des Universums; Rowohlt Verlag GmbH, Reinbeck bei Hamburg 2010, ISBN 978-3-498-02991-3

10: Kippenhahn, Rudolf: Kosmologie für die Westentasche; Piper Verlag GmbH, München 2003, ISBN 3-492-04497-2

11: Liddle, Andrew: Einführung in die moderne Kosmologie; WILEY-VCH Verlag GmbH, Weinheim 2009, ISBN 978-3-527-40882-5

12: Livio, Mario: Das beschleunigte Universum, Die Expansion des Alls und die Schönheit der Wissenschaft; Franckh-Kosmos Verlags-GmbH, Stuttgart 2001, ISBN 3-440-08886-3

13: Plionis Manolis:

nedwww.ipac.caltech.edu/level5/March02/Plionis/Plionis1_1.htlm

14: Reiter, Gaby: Standardmodell der Kosmologie Urknall und Entwicklung des Universums; Hauptseminar: Dunkle Materie in Teilchen- und Teilchenastrophysik, SS 2005, LMU

15: Schneider, Peter: Einführung in die extragalaktische Astronomie und Kosmologie; Springer Verlag, Berlin Heidelberg 2006, ISBN 3-540-25832-2

16: Vaas, Rüdiger: Hawkings neues Universum, Wie es zum Urknall kam, Franckh-Kosmos Verlags GmbH & Co. KG, Stuttgart 2010, ISBN 978-3-440-12726-1

17: WolframAlpha, www.wolframalpha.com

18: www.wikipedia.de (Planck-Einheiten)

www.ingramcontent.com/pod-product-compliance
Lightning Source LLC
Chambersburg PA
CBHW050103230526
45470CB00004B/1663